誰でもできるフードバンクの作り方

未来にツケを残さない

――フードバンクの新しい挑戦

フードバンク岡山
糸山智栄・石坂 薫
あいあいねっと（フードバンク広島）
原田佳子・増井祥子

高文研

はじめに

「こりゃ、おもしろそうだ。やってみたい」

すぐ、その気になってしまう私。

一〇月一六日は、世界食料デー。

世界の食料問題を考える日として国連が制定した日。ＦＡＯの創設記念日。

ＦＡＯとは、Food and Agriculture Organization of the United Nations
二〇一六年は、東京で開催されたキャンペーンに若者と一緒に参加していた。そして、埼玉県川口市の講演会に参加していた。

二〇一三年〜二〇一五年は、日本初のフードバンクであるセカンドハーベスト・ジャパンの催しに参加して、全国各地のフードバンクの活動を吸収していた。

食いしん坊ではあるけれど、ものすごく食や環境問題に関心があるわけではない私が、「フードバンク岡山」の立ち上げに関わり、代表を務めている不思議。

フードバンクに出会ってから五年余り。

ふとしたきっかけで始まった「フードバンク岡山」。

フードバンクを始めたことで、新しいつながりが生まれた。今までのつながりが深まった。いろいろな市民活動や仕事が次々つながった。私がフードバンクと出会ったときには、全国二〇数か所と聞いたが、今や、七〇超。もっともっと増えているかもしれない。

「いいお話が聞けました」「勉強になりました」で終わらせない人たちが全国には、たくさんいるのだ。

声に出す、動く、始める。

ひとつひとつは小さい動きでも、各地にたくさん誕生すれば、相乗効果で大きな動きになる。ちいさいフードバンクを津々浦々に。

このフードバンクは、人と人とをつなぐ。企業と行政とＮＰＯがつながるおもしろいしくみだ。フードバンクのことを知ってもらい、動き出す参考になればと思い、本を作ろうと考えた。思いついてから、足踏みしている間に、さらにフードバンクはどんどん増えていった。

広島の「あいあいねっと」の原田佳子さん、増井祥子さんと、「フードバンク岡山」の知恵袋（研究員）の（株）廃棄工学研究所の石坂薫さんの力強い裏付けを加えれば、広く軽い活動に、深みと哲学が見えてくる。たくさんの力を集めてこそのフードバンク！

そして、粘り強く付き合ってくださった出版社・高文研の飯塚直さんに感謝。

無事、できあがりました。一気に読んでいただいて、さあ、アクショーン！

「フードバンク岡山」理事長　糸山智栄

もくじ

はじめに 2

第一部『誰でもできるフードバンクの作り方』

◉疾風怒涛編 フードバンク岡山理事長 糸山智栄――9

第一章 それは、偶然から始まった――11
一、フードバンクとの出会い 12
二、フードバンクをやってみよう 21
三、お金がないので、生み出したシステム 25
第二章 お金があったりなかったり――27
一、任意団体「フードバンク岡山」誕生 27
二、やっと法人化 32
三、助成金に誘惑されるの巻 36
第三章 ネットワーク型の底力（ソコヂカラ）――44
一、支えるつもりが支えられ 44
二、チャレンジする社会福祉協議会 48
三、企業からも声がかかる 50
四、顔の見える関係こそ、最大の安心 53
第四章 切り口は無限に――56

一、県内のパワフルな拠点　56
二、善意の受け皿　フードドライブ　59
三、仲人も有効　62
四、災害対応はどうか　63
五、子ども食堂、広がる　68
六、研究者がいるという強み　70
第五章　フードバンクは止まらない――71
一、わいてくるアイディア　広がる活動　71
二、ネットワーク型の強さ　76
三、さて、次のステップに向けて大転換期　77

◉理論・解説編

（株）廃棄物工学研究所／フードバンク岡山理事　石坂薫――81
はじめに――82
第一章　フードバンクとは何かを学んだ最初の一年――84
一、立ち上げに許認可がいらない？　84
二、フードバンクとは何か？　誰が、何のためにやっているのか？　85
三、どうやって運営しているの？　97
四、「フードバンク岡山」の立ち上げとその形　99
第二章　食品ロスの実態――102

一、「フードバンク岡山」の食品はどこから来ているのか　103
二、もっと活かせる農作物のロス　109
第三章　フードバンクと環境問題――115
一、フードバンクが社会に与える効用　115
二、食品製造にかかる資源・エネルギー　116
三、フードバンク活動で二酸化炭素排出量は減るか？　118

第二部『未来にツケを残さない』

「あいあいねっと」（フードバンク広島）代表理事　原田佳子／理事　増井祥子――123
はじめに――124
第一章「あいあいねっと」の活動をはじめたきっかけ――128
一、フードバンクとの出会い　128
二、フードバンクを始めたきっかけ　129
三、経済的に困窮する高齢者の食の問題　132
第二章「あいあいねっと」の活動の紹介――137
一、「あいあいねっと」が活動を開始するまでの経緯　137
二、コミュニティレストラン事業　138
三、「まめnanレストラン」の名前とロゴマーク　140
四、「まめnanレストラン」の紹介　142

五、居場所づくり　144
六、「あいあいねっと」の活動の定義　146
七、「あいあいねっと」の活動の仕組み　147
八、組織作り　149
九、スタッフの力　151

第三章　高齢者の食の実態と課題——153
高齢者の臨床的な特徴　155
高齢者の食生活に関連する生理機能の加齢による変化　157
高齢者の食事摂取に影響を及ぼす精神的、社会的要因　159
低栄養　161

第四章　世界と日本の食料事情と貧困の実態——164
一、食品ロスの多さ　164
二、世界の食料事情　165
三、わが国の食料事情　168
四、近年のわが国の食をめぐる状況　171
五、わが国の食品ロスの実態　178
六、「あいあいねっと」に提供された食品　180
七、賞味期限と消費期限の違い　184
八、世界の食品ロス　187
九、労働者の貧困と格差拡大　188
十、子どもの貧困　192

第五章　食品ロス及び貧困、格差拡大は社会の仕組みの中で構造的に再生産される——199
一、はじめに　199
二、大量の食品ロス、貧困はなぜ存在するのか。格差はなぜ拡大するのか　202
三、資本主義経済とは何か　203
第六章　管理栄養士として見えてきた食品ロスの課題——214
一、食品ロスの課題　214
二、「あいあいねっとの食育」の定義　220
第七章　食品ロス削減のための食育活動——224
一、フードバンク研修会　224
二、講師・講演活動　226
三、フードバンク人形劇　230
四、大学祭でのフードドライブと食品ロスに関する調査　232
五、食品ロスを活用した「もったいない料理教室」　234
六、最後に　238
第八章　日本のフードバンク活動の課題と今後のフードバンク活動の役割——239
一、はじめに　239
二、食品ロス削減をみんなの取り組みに　242
エピローグ　246
おわりに　250

『誰でもできるフードバンクの作り方』

疾風怒濤編

フードバンク岡山理事長　糸山智栄

二〇一七年六月三〇日、第一二回食育推進全国大会。

岡山コンベンションセンターの舞台で表彰されているのは、美作《みまさか》大学食品ロス削減サークル。食育活動として、農林水産省主催第一回食育活動表彰ボランティア部門（大学等）で、農林水産省消費・安全局長賞を受賞。津山市の美作大学の学生たち、管理栄養士の卵たちである。二〇一四年の設立メンバーは、社会人一年生になり、管理栄養士として特別養護老人ホームなどに勤務。活動をサポートする顧問の原田佳子先生（生活科学部、食物学科教授）もまた管理栄養士。広島のフードバンク「特定非営利活動法人あいあいねっと」の創設者であり、代表理事である。

原田先生と食品ロス削減サークルのメンバーたち

不思議な出会い、あの時のあの出会いがなければ、この瞬間はない。「フードバンク岡山」は今の形では誕生せず、原田さんが美作大学の教授にはならず、食品ロス削減サークルも誕生しなかっただろう。

きっかけを作ってくれた人がおり、そのきっかけに乗っかった人がいて、その周りでつながった人もいる。地域、世代、立場は違っても、同じような問題意識を持つ人はとてもたくさんいて、ちょっとしたきっかけで何かが始まる。「フードバンク」。「食」は、人をつなぐ。

第一章　それは、偶然から始まった

ある日の「フードバンク岡山」

「『フードバンク岡山』の視察をお願いします。倉庫での仕分けの様子とかを見せていただけますか？」

「残念ながら、ご期待には添えないんです」

「フードバンク岡山」は、倉庫を持っていない。そして、個人宅への配送もしていない。

食品提供の申し出は、電話対応窓口で受け付ける。受け付けた担当者は、ＳＮＳ（フェイスブック）グループで共有する。メンバーそれぞれが仕事を持っているので、インターネットフル活用である。事務局グループ、地域拠点グループ、子ども関係グループなど複数のグループを作っている。まず、事務局グループに情報が提供され、即時対応する。量が多ければ、拠点ごとに数の調整、岡山県内の五つの拠点に届けてもらう。あるいは、移送ボランティアにより、運ぶ。少量ならば、食品や地域を考慮してベターな提供先を案内する。これまでの経験に基づき、スピーディに判断する。

あるいは、継続して提供していただいている野菜。日~木曜、曜日ごとに受け取りに行く当番が決まっていて、その当番が決まった団体におろしていく、あるいは、決まった団体が取りに来るといった感じ。

マスコミで取り上げられる全国の「フードバンク」とは、ちょっと違う「フードバンク岡山」。誕生もなかなかユニークだった。

一．フードバンクとの出会い

身軽なフードバンクを岡山に

「今年度から、事務局会議は二か月に一回にしませんか」

二〇一七年四月の事務局会議で、第五年度の総会準備をしていた時の発案だ。

新鮮な提案だった。たいていの活動は、活動が順調に行き始めると、会議の日程を増やしていきたくなるものなのに。

「フードバンク岡山」は、二〇一二年からゆるゆると始め、ここ三年ほどは、毎月第三火曜日の夜、定例の月一回の事務局会議を開き、情報共有し、事業を進めてきていた。事務局メンバーは、理事＋数人のボランティア、それぞれが本業も持ちながらの活動である。それぞれの本業は、訪問介護、看護師、障がい者支援、研究員、農業、ホームレス支援、子ども支援、社労士、弁護士などの多彩な顔ぶれ。共通項は、市民活動好きなメンバーで、それぞれが主宰や参加している市民活動やNPO法人をトータルすると軽く二〇は超えるのでないだろうか。微妙に重なっていたり、全然違うジャンルだったり。困っていそうな人々を支援する活動は重なっていて、より濃厚で、農業、経営、研究といった幅広い世界ともつながっていけるおもしろい構成だ。

最初から、フェイスブックを活用して、日常的な情報共有をしている。SNSで調整しながら、月一回のリアルな会議で、さまざまな提案や期待に応えながら、調整事業を進めている。未来型アメーバ組織、ネットワーク型フードバンクだ。「フードバンク」の信頼性を保ちながら、いかに身軽に、当たり前に、日常の中でやっていくか、これが「フードバンク岡山」の目指す形だ。

視察希望やヒアリング希望の方が「事務所をお尋ねしたい」「倉庫を見せてほしい」と言ってくださるが、そんなものはない。事務所は分割分担。電話窓口を担当する（株）廃棄物工学研究所、書類の確認や調整をする「みた農園」、私へのヒアリングなら、「えくぼホームヘルパーステーション」。倉庫は持たない。食品の値段は、輸送と保管だ。つくづく身に染みる。動かして置いておくことに時間がかかる。人手がかかる、そしてお金がかかる。だから、置いておかない。すぐ分ける。

財政規模は極小。とにかく身軽に。

五年前、知らない者同士が集まり、じゃあ、とりあえずやってみようとスタートした「フードバンク岡山」。この「数少ないリアルな会議の場を減らそう」というのは、またひとつ、大きな山を越えた瞬間だった。

うっかりさんがつくってくれた出会い　その1

「先日、お話ししたフードバンク関連の（株）廃棄物工学研究所の方のヒアリングの日程を調整したいんですが」

二〇一二年一月のこと。NPO活動の知り合いから電話をもらった。「（株）廃棄物工学研究所」とは聞き覚えがない。聞いていると、どうやら、「先日、お話を受けた」のは私ではなかったようだ。

当時、私は、二〇〇五年に立ち上げた女性支援のNPOから、訪問介護の事業を独立させ、会社を設立して、移行している真っ最中だった。お客様の契約し直しや書類作成などでてんてこ舞い、それどころではない。しかし、気になる話だ。「ヒアリング？」と興味深々。「女性支援のNPOの代表者への話」が、間に入って紹介してくれたNPO活動の知り合いのうっかりで、私の方に来たことがわかったのだが、女性支援のNPOの代表にお願いして、そのヒアリングに同席させてもらうことにした。

さて、後日のヒアリング。いらしたのは細身の聡明な女性、石坂薫さん。農林水産省の補助事業を（株）廃棄物工学研究所が受託して、「岡山県内におけるフードバンクの食品の貰い手のニーズがあるか、企業側から提供の可能性はあるか」などの調査で、その中のひとつの事業としての「困窮者支援の団体へのヒアリング」をしたいという話だった。市民活動に関しては、あまり、ご存じなく、私たちの女性への支援活動を興味深く聞いてくださった。

日本でのフードバンクの活動は一〇年ほど前に始まった。この時の説明では、日本には二〇数団体のフードバンクがあり、さまざまに活動している。岡山にはフードバンクがない。（株）廃棄物工学研究所は、文字通り、廃棄物を削減することを使命としている会社であり、この調査活動を行い、いつの日か岡山にフードバンクができればよいと思っておられるようだった。

うろうろなあゆみの中で

私の本業は、訪問介護。

最初の仕事は、子ども劇場の専従事務局。

大学生の時、出会った「子ども劇場」という子どもの健全育成を目指す市民団体の活動に没頭し、卒業とともに専従事務局員として就職した。と、書くとかっこいいが、さっぱり勉強しない大学時代だったので、教員採用試験もあっさりと落ち、続けて勉強できそうにもなかった。それよりは、お母さんたちが熱心に子どもたちのことを話し合い、活動を作り出して行くことを支援するのはとても魅力的だった。人形劇やお芝居や芸術にふれながら、親子で楽しい時を過ごしたり、キャンプや遊びを通して仲間づくりをしたりするのも、三〇年前でさえ、貴重で大切で緊急の活動に思えた。良いタイミングで、専従者、つまり、ボランティアでなく仕事として働く人を探していた時代だった。ありがたく、就職させてもらう。そして、結婚、出産、子育てを経て、仕事をしながら働くために、「学童保育（放課後児童クラブ）」に出会う。また、岡山市が男女共同参画社会推進センター「さんかく岡山」を建設し、男女共同参画社会推進条例を制定し、その市民案づくりの活動に参加して、女性支援活動に熱心に取り組んでいる女性に出会う。そして、子ども劇場専従事務局を退職し、ハローワークのお世話になる。当時は、介護保険、華やかなりし時代、ハローワークでは、もれなく「ヘルパー資格を取りませんか？」と勧められる時代だった。怠け者で、人のお世話は苦手な私だが三五歳を過ぎたら、「女性は転職できない」なんて言われていた時代。これはとっておかねばなりません。ハローワークの職員の勧めで、予想外の資格取得を果たす。そして、市民活動をしながら、登録ヘルパーとして働き、ひょっとして、自分でやった方が儲かるかもと勘違いして、女性支援の女性と一緒に、ＮＰＯ法人をつくり、自分で訪問介護事業所を運営することとなる。さらに、訪問介護事業を会社として独立させようとどたばたしていた。「フードバンク」という事業に出会ったのは、ちょうどそんな時だった。

どんな活動でも「食」に直面

ヘルパーの訪問先では、冷蔵庫がからっぽのお宅あり、逆に、買い物に行けないから、心配だからと冷蔵庫がパンパンで、冷蔵庫の中で食べ物が朽ち果てているお宅ありという現実を目の当たりにしていた。

また、女性支援の活動では、NPOとして直接支援している間なら、なんとか食品の提供はできるものの、いざ、自立に向けて一歩踏み出したところで、たちまち食べもの確保に困惑してしまう。「明日のご飯をどうするか?」市民活動として助成金や補助金を得て、住居やサポーターの費用を確保していたが、「食品」というのはなぜかその項目に入れられない場合が多かった。毎日の命をつなぐものなのに、食べ物を買うお金は確保しにくいのが現実だった。生活保護につなげば、保護費が入り、食べ物の課題は解消されるわけだが、そうならないケースも多いのだった。

また、長い間、関わっている学童保育においても、夏休みに入ると、「弁当を持ってこられない子ども」がいて対応を考えているという話を指導員から何度となく聞いていた。今ほど、生活困窮や子どもの貧困などが取り上げられていたわけではなかったのに。これまでの私自身の活動から、この「フードバンク」という活動は役に立つ、有効な活動だと思った。

一方で、市民活動がけっこう盛んな岡山の地に、「フードバンクがまだない」というのもちょっと驚きだった。この活動なら、関心をもって取り組みそうなあの人この人の顔が浮かんだ。この話を聞いたら始めたい人いるんじゃないかなとも思った。そうは思いつつ、女性、子ども、障がい者などの支援活動を最前線でやっている人たちは、それどころではない。フードバンクのしくみは、ほしいけど、自分たちがやるというのも難しいかなとも感じた。

そっと耳打ち

そんな知り合いの顔や活動を思い浮かべ、自分のこれからなどを自問自答しながら、代表の横でヒアリングを聞かせてもらった。終了後、石坂さんを見送った。階段を下りながら、「とてもいい話なので、ぜひ、食品の提供を受けたいけれど、岡山で始まりそうなんですか？」と聞いてみた。

「いえ、やってくれる人はまだ見つかっていないんですよ」との返事。

そうか。

いろんな活動にはタイミングが大事だ。

とりかかった話が、中断してしまったら、再スタートはさらに難しい。ここは、一気に立ち上げに向かうのがよい。実現への布石を敷いておかねば。「誰もやる人がいなかったら、やってもいいですから」と小さい声で伝えておいた。「誰もやる人がいなかったら」はけっこう重要なポイントだ。一見、私は、協調性があるように見えているだろうが、実際のところ、「みんなで話し合って、合意して、ことを進める」ことはかなり苦手。さらに、先に述べたとおり、当時は、介護事業をN

ＰＯ法人から会社に切り替えた時期で、時間を投入できない状況だったのだ。ごちゃごちゃやってる暇はない。

（株）廃棄物工学研究所としては、ヒアリングの後、フードバンクのことを知ってもらうための学習会を企画するとのことで、興味がありそうな人を誘って参加した。これまでの市民活動の仲間、子ども劇場、学童保育、そして、ちょうど始めていた多業種交流会で知り合った「食べ物」「支援活動」「農業」などに関係ありそうな人に声をかけたのだ。

うっかりさんがつくってくれた出会い　その2とその3

ちょうどその頃、多業種交流会の連絡手段として、フェイスブックを始めていた。フェイスブックを始めてすぐに、ＮＰＯや中小企業のためのフェイスブック活用講座に出席して、仲間を増やし、つながり、活動を広げるのに有効であることを感じていた。世界が変わって見えるほどの衝撃だった。

新しもの好きで、フェイスブックをやっていそうな友人を検索してみた。わざわざ連絡する用事がなく、長いこと連絡をとっていなかったが、たまたま、東京の学童保育の友人の菊池宇光さんを発見した。はるか昔、ＮＰＯ法が制定され、まだまだＮＰＯ法人が少ないころ、広島で開催されたＮＰＯフォーラムのパネラーとして同席した海外支援ＮＰＯの方が学童保育の保護者ということで盛り上がり、学童保育の東京の会議に行くのでお会いしてそのつながりで紹介されたのが菊池宇光さんだった。当時は、まだそんなにフェイスブックユーザーがいなくて、貴重なフェイスブック友達として、連絡を取りあうようになった。そんな中、菊池さんから「いい奴が岡山に帰った」と耳寄りな情報をいただく。

実家に戻り、農業を始めた人を紹介してくれた。それが三田善雄さん。あとから聞くと、一年ぐらいは農業に専念したいので、他の人に紹介しないでほしいと頼んでいたそうで、うっかり、菊池宇光さんが、こっそり、私に教えてくれたのだった。フードバンクに関連することに関わったこともあり、農業も始め、コーディネートもできそうな人。まさに探していた人をポンと目の前に出してもらったような気持ちだった。早速、彼も誘い、フードバンクの学習会に参加することとなった。三田さんは、彼ら学童保育保護者のお父ちゃんメンバーに誘われて、学童保育イベントで、焼きそばを焼いて売っていたというのだから、学童保育はありがた過ぎる。宇光さん、出会わせてくれてありがとう（二〇一五年一一月一九日逝去）。

二〇一二年二月二七日。フードバンク学習会。

当時、全国各地で地域の状況に合わせてフードバンクの活動をされていた「フードバンク山梨」、「フードバンク高知（あいあいネット）」、そして、広島の「あいあいねっと（フードバンク広島）」の三名が、それぞれの思いや活動についてしっかりと、話してくださった。

講座の終了後、これからの展開について、（株）廃棄物工学研究所の石坂薫さんからお話があった。

「フードバンクをやってくれる人が見つかりました。糸山さん、よろしくお願いしまーす」

おおおお、そう来たか。「誰もやる人がいなかったらと言ったはずなんだが……」。みんなに投げかける前にまさかの発表。三人目のうっかりさんは、石坂さんだったのか、それとも、私自身だったのか。「フードバンク岡山」は、いろいろなうっかりが重なってスタートした。うっかりさん、ばんざい！

二．フードバンクをやってみよう

もっと知りたい

山梨、広島、高知の三人の方のいろんなパターンのフードバンクの立ち上げと展開を聞くことができた。山梨の話は、岡山でスタートするには、ちょっと展開の規模が大きい気がした。高知の方は、もともとの知り合いで、支援現場のハードさがわかるだけに、現場を持ちながらのフードバンク活動の大変さを想像した。広島の原田佳子さんの話は、管理栄養士の視点から高齢者の栄養改善に端を発して、フードバンク活動をきっかけに地域づくりをしたというもので、今思えば壮大な話であるが、その時は、「これならやれるかな」と思い、もっと話を聞いてみたくなった。

（株）廃棄物工学研究所主催の学習会、終わったその場に、具体的な立ち上げを考えてみたいというメンバーが数人残った。前述の東京経由紹介の農家の三田さん。精神障がい者支援NPO代表の山本真也さん。ホームレス支援団体きずなの豊田佳菜枝さん、特定非営利活動法人杜の家（杜の家ファーム）の大森さん、そして（株）廃棄物工学研究所の石坂さんたち。

もう一度、広島の地域づくりを目指している「あいあいねっと」の原田さんの話をしっかり聞こうと考え、一か月後に、自主的に学習会を開催した。

県内に広げるなら、最初っから、県内各地の人と始めた方が手っ取り早い！「フードバンク」という活動を担ってほしい、いや、絶対やりたいだろうと思う津山の特定非営利活動法人オレンジハートの角野いずみさん、笠岡の認定特定非営利活動法人ハーモニーネット未来の宇野均恵さんに参加を呼びかけた。角野さんは、学童保育仲間、宇野さんは子ども劇場仲間。二回目の学習会で、さらに具体的に広島の「あいあいねっと」の原田さんの思いを聞き、岡山にもフードバンクがあったらいいなという思いを共有した。

さて、どうするか。

やってみたいメンバーでやりたいことやできることを出し合ってみた。

特定非営利活動法人ミニコラの代表の山本真也さん。関係する精神障がい者が働くパステル作業所は県北の低温殺菌牛乳『山の牛乳』を週に三回岡山―津山を往復し、岡山市内をルート販売している。仕入れのついでに、津山～岡山の荷物は運べる。岡山市内の配達ルートでも、何かできるかもね。そうか、私自身もヘルパー訪問のついでにお届けできるかなあとか（実際、この『山の牛乳』便は、かなりの威力を発揮している）。

（株）廃棄物工学研究所の県内企業や市民団体への先行調査では、食べ物をもらいたい団体はいくつもあるものの、フードバンクがまだまだ知られておらず……、食品企業が食品を提供することへのハードルはあるようだ。

ちょうど時は春先。どんどんと草木が伸びる季節。

農園のレタスも育つ季節。

とりあえず、やってみよう！

よし、とりあえず、やってみよう。

学習会で出会った私たち数名の出した結論。

杜の家ファームでは、ハンサムレタス、ルッコラなどの葉物野菜を水耕栽培しているが、育つ時期には収穫、包装が間に合わず、大きくなり過ぎる。出荷できない。人手が足りない。値段が下がる。結局、廃棄せざるを得ない。それをそのまま、ホームレス支援のきずなや子どもシェルターに届けてみてはどうだろう。

幸い、わが家は農園から近い。

レッツゴー。

店頭に並ぶためのハンサムレタスやルッコラは、一〜数株がビニールで個包装され、値段、生産者などのシールが貼られている。そこをすっ飛ばして、収穫されたレタスを大きなビニール袋にいれて、運ぶ。価格換算したらいくらなの？　と思うくらいのレタスを原付に乗せて運んでみた。

「わ〜、いいの？　こんないい野菜をもらって」

そう、ルッコラやハンサムレタスは、普段はなかなか買ってまでは食べられないおしゃれ野菜なのだった。

杜の家ファームは、A型就労継続支援事業所。[*1] 利用者の勤務日でない曜日に、出荷されないレタスがどっさり届くというイメージ。勤務形態に関係なくレタスは育つのだ！

なかなか、うまくいくじゃん。

注！　一般的に、フードバンクが扱う食料品は、常温対応のものが多い。知らないということは、強い。一番、ハードルの高い生鮮野菜からチャレンジした私たちだった。

＊1　通常の事業所に雇用されることが困難な障がい者につき、就労の機会を提供するとともに、生産活動その他の活動の機会の提供を通じて、その知識及び能力の向上のために必要な訓練を行う事業のことを言う。雇用契約を結び利用する「A型」と、雇用契約を結ばないで利用する「B型」の二種類がある。

三．お金がないので、生みだしたシステム

安全なのにいろいろな事情で、廃棄される食品を、無償で提供してもらい、必要としている人などに無償で提供する。実にいい仕組みである。こんなにいい仕組みなのに、どうして、広がらないのか。提供者と受け取り手をつなぐ「調整」のお金が生み出せないのだ。調整の部分に、実は大きな手間と時間、つまりズバリお金がかかるのだ。無償＋無償ではお金が生み出せない。

一般的なフードバンクの場合。

契約書や合意書を結ぶような事務作業を別にして、実際に食品のやり取りだけを考えても、提供者からの連絡を受ける、受け取る、食品の期限を確認、重量測定、記録、保管。そこに食品受け取りの希望がくる。在庫食材の確認をして、引渡しの調整、渡して記録。常にこの作業がある。「フードバンク」という活動の信頼を高め、維持するためにはこれを確実にやっていく必要がある。保管している間に時間は過ぎていき、保管している食品の賞味期限は迫ってくる。

毎日、当たり前のようにスーパーに食品が並び、買って食べるということをやっているが、いざ、実際に自分でやってみようとすると、これはたいへんな労力である。すごいな、日本の流通システム。素晴らしい。

フードバンクに関われば関わるほど、感じる。

と、感心している場合ではなく、細々ではあるが、お金をかけずにしかも安全なプチ食品流通システムを作らねばならない。

よそのフードバンクを真似しても無理。

さて。

・みんなでやる（担い手がいない）。
・倉庫を持たない（倉庫を持てない）。
・瞬時の判断。ＳＮＳ活用（時間がない）。

なんとなく浮かんだイメージ。

（　）内は、日本人がよく嘆きがちなセリフ。だから、生まれた「フードバンク岡山」の素敵なシステム。

第二章　お金があったりなかったり

一．任意団体「フードバンク岡山」誕生

四月から、半年、試行して、なんとかやれそうなので、二〇一二年一一月一五日、やっと、任意団体「フードバンク岡山」の設立となる。

★設立時のパンフレット

一年少し前に、（株）廃棄物工学研究所さんの訪問でフードバンクのことを知りました。お米の生産量ほどの「食べられる食料品」が捨てられている。これは、衝撃でした。もうひとつの衝撃は、全国では二〇数か所のフードバンクが活動しているのに、「岡山にはない！」でした。

生活困窮者支援、子ども支援、女性支援、障がい者支援、これまでの岡山のつながりを生かして、半年余りの試行を経て、二〇一二年一一月一五日、「フードバンク岡山」が発足しました。個人農家、製造業、卸業、小売業、インフラ企業などの多くの提供者から、米、野菜、レ

トルト商品、ジュース、お茶、お菓子など多岐に渡る食料をいただいています。津山、笠岡、備前、岡山と県内を網羅する拠点も誕生しています。それらをつなぐのが、個人のボランティア、受け取り団体だと思っていた団体さん。思ってもみない大展開です。ぜひ、多くの皆さんとともに、「フードバンク岡山」を作っていきたいと思います。いろんなアイディア、お待ちしています。

わが国では品質や安全性に問題がないのに処分されている食品は年間六二一万トン、一方で貧困層のうち特に緊急度の高い人は二一三万人（セカンドハーベスト・ジャパン推計）にのぼります。フードバンクは、そのように余っている食べ物と、困っている人を結びつける活動です。日本では二〇〇〇年にわが国初のフードバンクであるセカンドハーベスト・ジャパンが発足し、その後各地で増え続け、現在では全国で三〇箇所以上のフードバンクが活動を行っています。

Q. フードバンクの食品をもらうのにお金は必要なの？

必要ありません。フードバンクは企業や個人から無償で食品をもらいうけ、安全に貯蔵・管理しつつ生活困窮者の支援団体に無償で提供します。

Q. 無償で集めて無償で配布するなら、運営資金はどうしているの？

多くの団体は企業からの寄付や後援会の会費から運営資金を捻出しています。ほとんどの団体で運営資金の確保が課題になっています。

Q．フードバンク活動にはどんなメリットがあるの？
食品を提供する側にとってはこれまで無駄になっていた食品を活かし、社会貢献することができます。また、食品ロスや廃棄物処理コストの削減による環境・経済的なメリットもあります。市民にとっては暮らしやすい社会づくりやボランティアの場として、行政にとっては社会福祉コストの削減や既存制度では対応しきれない部分の支援が可能になるなど、多様なメリットが期待されます（二〇一三年作成）。

ネットワーク型フードバンク

複数の団体が協働でフードバンクを立ち上げること、そして各地の既存の団体が地域拠点となってフードバンク食品の引き取り・受け渡しの機能を担うという方法は全国でも初の試みで、新たなモデルケースだったと思われた。

「窮地の策」のようなやり方だったが、素晴らしい結果を生んだ。

電話窓口対応、郵便物受け取り、食品の調整、食品の受取、会計、広報、助成金申請などを中心メンバーと所属の団体や会社で分担する、そして、ＳＮＳ（フェイスブック）で情報共有し、データはクラウド管理する。

既存の団体だけでは埋まらない部分を、縁の下の力持ちの個人のボランティアが埋める。協力を申し出てくださる企業が埋める。

例えば、運搬ボランティア。

津山拠点―岡山拠点間の長距離移動は津山のおいしい『山の牛乳』を岡山で配達しているパステル作業所が、牛乳仕入便の空きスペースで食品を運んでくださる。ＳＮＳで呼びかけて、運んでくださった方も。野菜の引き取りボランティアに定期的に参加している人も。かなりこの「運搬」の部分が、フードバンクの活動を左右する。「運搬ボランティア」に感謝。

今でも、マスコミの取材では「倉庫はどこ?」と質問され、おそらく、「倉庫に山積みされた食品を分けるボランティアスタッフ」の画を希望されるのだけど、ご期待には添えない。

フードバンクの「バンク」。真の「バンク」ととらえれば簡単だ。銀行はお金を貯めこんでいるところか? 銀行はお金を必要なところにどんどん回して、利益（幸せ）を生むのが役割なのだ。貯めこんでいては何も生まれない。どんどん回す。しかもすぐれた現場の判断で。

胸を張って、稼働、週五日

ゆるい形でスタートした「フードバンク岡山」ではあるが、初期から「稼働、週五日間、年間、少なくとも二六〇日以上」という驚異の活動密度である。

（株）廃棄物工学研究所がフードバンクの立ち上げを目指して、研究会を設置してくれた。その委員に生活協同組合おかやまコープ（生協）が加わっていてくださったのだ。フードバンク活動を始めた早い時期から、野菜の提供を申し出てくださった。岡山市の南部に共同購入の野菜の配送をするセンターがある。そのセンターの中で配送準備後に残った野菜を車一台に乗る量だけ提供していただいている。日曜日から木曜日までの毎週五日間、当番を決めて取りに行っている。

運ぶ。「フードバンク岡山」は
多くの運び手によって支えられている

日曜日は、岡山市のファミリーホームと倉敷市のボランティアが交替で受け取りに行く。里親ファミリーホームはそこで使い、ボランティアはそのまま倉敷の団体に届ける。岡山—倉敷間は車で四〇分程度。月曜日は、ボランティアと団体メンバーが取りに行く。そのまま、数団体におろしていく。火曜日は、子ども支援の団体が取りに行く。えくぼホームヘルパーステーションまで運んできて、ここに二団体が待ち合わせて分けていく。こんな感じで、廃棄されるはずのおいしい野菜も毎日、運ばれ、分けられ、調理され、みんなの口に入り、文化と栄養をいただいている。

協力を申し出てくださった企業が加わったり、別の業者からの提供食品が加わったり、柔軟だけれどもコンスタントに続けられている。フードバンクの取り扱いの実績は重量で集約している。したがって、いただく野菜は、当番の団体が、毎回、計量して記録している。取り扱い重量として蓄積されていくのだった。

たくさんの野菜が安定して供給されるのは、私たち「フードバンク岡山」の誇りだ。おかやまコープに感謝。

二．やっと法人化

試行錯誤を続けた。

社会からのフードバンクへの期待は高まる一方。

当初はフードバンク活動自体の認知度も低く、「余った食品を寄付してもらい、それを必要とする人を支援する団体に渡す」という役割を理解してもらうことから始まり、新聞・ラジオなどのメディアに紹介される機会も増え、またメンバーそれぞれの地道な活動や声かけにより、食品を提供してくださる企業や、協力団体もだんだん増えていった。

活動の輪が広がる一方で、企業の方に安心して食品を提供いただけるよう、そして利用団体にしっかり食品が受け渡せるよう、運営の継続性や信頼度の向上が課題となってきた。

ＮＰＯ法人化するか？

ＮＰＯ好きの私としては、かなり遅い判断だ。

「子ども劇場」という市民活動に専従事務局職員として就職し、子ども劇場も積極的に関わりながら、平成一〇（一九九八）年のＮＰＯ法（特定非営利活動促進法）制定の経緯も見てきた。「フードバンク岡山」に法人格は必要か？　この部分を考えた。これは、「ネットワーク型」という「フードバンク岡山」の活動スタイルにもよる。団体正会員のそれぞれがＮＰＯ法人や一般社団法人であり、活動メンバーもそれぞれＮＰＯ法人の代表だったり、メンバーだったり。

現場のフードバンク活動は、拠点活動をやるそれぞれ法人格をもつ団体が実施する。そこを強化しながら、「フードバンク岡山」そのものはゆるいネットワークでよいのではないかという思いも大きかった。この先のことを考えると、フードバンクへの関心は高まるに違いない。対外的な信用や契約のためには、「フードバンク岡山」自身にも法人格が必要と判断し、法人化を決めた。

法人化にあたっては、役員を中心に外部識者を加えた準備会を立ち上げ、設立に必要な書類づくりと、設立総会の準備などをすすめた。前述のとおり、それぞれがＮＰＯ法人関係者なので、設立趣旨書や定款などもサクサクと。二〇一三年八月二三日に、設立総会開催、同年一二月一〇日、岡山市より特定非営利活動法人の認証、一二月一六日、登記完了となる。フードバンクの勉強会から、一年一〇か月。けっこう、かかっている。

「法人格」は手段である。

そして、「設立趣旨書」「定款」の作成により、一年半の揺れながらの試行錯誤の活動が整理された。「特定非営利活動法人フードバンク岡山」の「設立趣旨書」と「定款」は、イカしていると思う。

「特定非営利活動法人フードバンク岡山設立趣旨」は、

フードバンクは、これまで無駄になっていた「たべもの」と、それを必要とする「ひと」をつなげる活動です。

で、始まり、

私たち「フードバンク岡山」は、これまで無駄になっていた「たべもの」と、それを必要とする「ひと」とをつなぐことにより、社会面、経済面、環境面における多様なリスクを軽減するとともに、ここに暮らす多様な主体をつなぎ直し、その歴史を土台に新たな協働の文化を生み出すことで、地域社会のよりいっそうの成熟に貢献していきます。

で結ぶ。「ひと」とのつながりを創造し、地域社会の成熟に寄与するのだ。

目に見えて厳しくなっていく社会。

「フードバンク岡山」の目指すところは「生活困窮者支援」なのか。「食品ロス削減」なのか。

当時、マスコミが取り上げる切り口は「生活困窮者支援」が圧倒的に多かった。フードバンクに寄せられる「食品」が生活困窮者の命と暮らしを支えるのにふさわしいものか。これは「＝（イコール）」ではない。生活困窮者の命と生活を支えるなら、栄養価や保存期間などを考慮したものを提供するのが最善に違いない。

食品ロスが生まれる仕組みが、そのまま、生活困窮者が生まれる仕組みなんじゃないかな。手をかけ、時間をかけて作られ、多くの労働を経て、食卓を目指す。食べ物は、とことん、人間の口に入ることを目指す。それでも、口まで、たどり着かずに廃棄される食品があふれている。そこまでにかけられた労働はすべて一緒に廃棄される。それが今の日本。

「食べ物を大切にしよう」

それは、「人間と労働そのものを大切にしよう」そのものである。食品ロスの削減を進めることは、人間を大切にする社会を作ること。究極の目標は、「食品ロス削減」。食べ物も、人も、労働も大切にされる社会を作る。でも、やむを得ず、捨てられてしまうのなら、食べることに困っている人に届けよう。みんなで力を合わせて。できる範囲で。

三、助成金に誘惑されるの巻

「ゆるいネットワークで、小さい組織でいく！」

「生活困窮者支援でなく、食品ロス削減が最終的な目標」

そうは言っても、「生活困窮者支援」の側面から、社会的な注目が高まるフードバンク。

今、申請すれば、助成金が通るかもしれない。

ＮＰＯマニア、私の心は揺れる。通ったら、あとが大変だとは、わかっている。専任で活動する人がいないのだもの。が、つい、出してしまった。で、通ってしまった。

二〇一三年度　ＷＡＭ（福祉医療機構）地域連携活動支援事業「フードバンク事業」

二〇一四年度　農林水産省農山漁村六次産業化対策
平成二六年度食品ロス削減等総合対策事業「平成二六年度フードバンク活動等の推進事業」

二〇一五年度　津山市地域チャレンジ！公募提案型協働事業
「食を大切にする津山」学生と市民で取り組む津山市における食品ロス削減活動

二〇一六年度　ＷＡＭ（福祉医療機構）ハーモニーネット未来（笠岡）事業の参加団体として加わる。

全労済地域貢献助成事業　「子ども食堂ネットワーク」事業

通ってしまえば、通常の仕事や活動に加えてのプラスαの活動となるので、心して取り組む。時間的にはたいへんだけど、予想外のことが生まれる。

原田さん、大学教授になる！　そして、食品ロス削減サークル誕生！

二〇一三年度、ＷＡＭ（福祉医療機構）地域連携活動支援事業「フードバンク事業」の中に、講演会を計画しており、年度末に近い二〇一四年一月、広島「あいあいねっと」の原田佳子さんを講師にお願いして、津山市の美作大学で実施した。「食と子どもと福祉！」を掲げ、「食物学科」「栄養学科」「児童学科」「幼児教育学科」「社会福祉学科」がある津山市唯一の大学だ。フードバンクに関心を持ってくださっている先生もおられ、会場としてお借りした。

この先生が、そっと耳打ち。「原田さんに声をおかけしてもいいでしょうかね」

？！

教員を探しておられたとのこと。必要な三条件も満たしているという奇跡の出会い。いくつかの調整をして、原田佳子教授、誕生！

奇跡はこれで終わらない。

翌二〇一四年度は、「農林水産省農山漁村六次産業化対策　平成二六年度食品ロス削減等総合対策事業『平成二六年度フードバンク活動等の推進事業』」（以下、「二〇一四年度農林水産省補助事業」）が決定した。この事業の担当者の行政ウーマンは、大人よりも、子どもや学生にアプローチした方が効果的なのではないかと、何度も熱いアドバイスをくださる。

しかたがない。

例の理解ある先生と、原田さんのいる美作大学の一〇月の白梅祭という学園祭に出展することにした。そこで出会ったのが、食物学科の学生。「食育」サークルはすでにあるのだが、食品ロス削減活動をしているというのだ。原田先生を顧問にあっという間に、食品ロス削減サークルを設立してしまったらしい。若いってすごい！

その着実な三年間の活動が、美作大学長の推薦を受け、冒頭の農林水産省主催第一回食育活動表彰ボランティア部門（大学等）で、農林水産省消費・安全局長賞を受賞したのだ。おそらく全国唯一のサークルなのではないか。ひょっとしたら、この間、新しく誕生しているかもしれない。としたら、全国初のサークルであることに間違いない（以下、活動を展示パネルから抜粋）。

◎食の循環や環境を意識した食育の推進

ＮＰＯ法人「フードバンク岡山」（津山拠点のＮＰＯ法人オレンジハート）と連携し、家庭で余った食料品を必要としている人に送るフードドライブ活動で提供された食品の受け取りや仕分け作業を行っています。また、フードバンク活動やフードドライブ活動で提供された食品を活用し、「ぽかぽか食堂」や「子ども食堂」を開き、地域の高齢者や子どもたちに共食の場を提供し地域づくりに貢献しています。

例）食品ロス削減サークルは、五／二一・二二の二日間、西苫田公民館（津山市）でフードドライブを開催しました。そこで提供された食品を活用して、六／五には「ぽかぽか食堂」を開催し、一人暮らしの高齢者約三〇人に食事を提供しました。尚、同サークルはフードバンクの津山拠点のNPO法人オレンジハートとも連携しています。

（二〇一六．七．フードバンクニュースレターより）

ぽかぽか食堂

◎食品ロス削減の普及

子どもたちが楽しく食品ロスの実態や食品ロス削減の大切さを理解できるよう、「食品ロス削減かるた」や「食品ロス削減すごろく」を作成し、エコフェスタや学園祭などイベントで活用し、子どもたちや家族連れに親しんでもらっています。メディアで活動を取り上げてもらうなど、食品ロス削減の普及に取り組みます。

◎未来の管理栄養士の養成のために

管理栄養士養成校である大学として、未来の管理栄養士や栄養士に、食品ロスに対する認識を持ち、将来、地域社会に対して食品ロス削減を指導するキーマンになってほしいとの思いで活動を進めています。

地元津山の拠点団体の特定非営利活動法人オレンジハートの活動との連携はもちろんのこと、助成金事業の中で、「フードバンクかごしま」の学生を招いての交流会を企画して、「フードバンク岡山」としても、大人としての応援ができたかなと思う。

活動メンバーの時間が限られる「フードバンク岡山」がきっかけを作ったことで、学生がていねいに活動を続けてくれることがとても嬉しい。若い世代の活躍は、子どもたちへのアピール力は抜群！　高齢者の皆さんの喜びもひとしおだ。行政ウーマンの願いと狙いはズバリ的中！　狙い以上に大展開といってよいでしょう。

さらに素晴らしいのは、この食育大会でのパネル、地元のスーパー「マルイ」のブースにどんと展示されていたのでした。マルイとの出会いはまたのちほど。

中四国へ、ぐっと広がったのも補助金のおかげ

「フードバンク岡山」の発足のきっかけを作ってくれた（株）廃棄物工学研究所は、その後もさまざまな補助金を獲得しながら、フードバンク活動の継続の研究や他県へのフードバンクの設立、食品ロス削減のための調査研究などを続けていた。利益を目指す会社組織ではあるが、いや、会社であるからこそ、なのか、ありがたいことに事業の進行を着実に支えてくれている。そのおかげで、中国四国地域のフードバンクをつなげてくれたり、香川でのフードバンク設立を支援したりしてくれた。中国四国地方でフードバンクは一気に広がった。岡山以前に活動していたのは、鳥取、広島、高知だったのが、島根、岡山、愛媛が誕生し、福山、徳島、香川の誕生となった。成り立ちは様々、女性支援団体が母体だったり、社会福祉協議会が中心を担ったり、都会型ではないフードバンクのやり方を各地でそれぞれ模索していた。

私たち「フードバンク岡山」も、「二〇一四年度農林水産省補助事業」に応募した。二〇一五年の「生活困窮者自立支援法」の成立前。「フードバンク」という活動が「生活困窮者支援」の切り口で、特にクローズアップされていた時期だった。

「倉庫を持たないネットワーク型」「フードバンク岡山」のもうひとつの大きな特徴は、直接、個人への食品の提供は行っていないこと。食品の提供先は「支援団体」である。「個人への提供は

対応しきれない」という現実があるというのも事実だが、それ以上に「食品の提供」だけでは、生活困窮者への支援にはならないという思いがあるからだ。設立メンバーで、活動メンバーであるホームレス支援団体や子ども支援団体などを経由して、個人への食品提供をしている。当然ながら、支援団体経由だけでは、生活困窮者に食品を提供し続けていくには、限界がある。

さて。どうする。できる範囲でやるしかないが、生活困窮者支援は、各市町村の社会福祉協議会が担っている分野。今後は、社会福祉協議会との連携は、はずせない。

補助金や助成金の申請の時には、「こんなことができたらいいのに〜」という夢を盛り込む。地道な日々の活動だけでは、なかなか取り組めないことも文字にして申請する。審査を通過して、予算がつくと実現できる。否が応でも、夢を実現しなければならなくなる。

「中国四国地域のフードバンクとつながりたい」、そして、「県内の社会福祉協議会ともつながりたい」。そんな夢を描いた補助金申請書。通った。実施となる。

そこで、第一回目の検討会には、社会福祉協議会としてフードバンクと連携をとっている島根、香川の県社会福祉協議会の担当者に委員として参加してもらい、岡山県内の社会福祉協議会や行政関係者にもオブザーバーとしての参加を呼びかけた。岡山では、社会福祉協議会とフードバンクのつながりはまだなかった。先進事例を学ぶ。外圧をちょっとお借りする。

当時の社会福祉協議会にとってフードバンクは、気にはなるが、未知のジャンルだったろうと思う。生活困窮者の支援に関して、どこから切り込んでいくべきだろうと考えていた時。フードバンクは、生活困窮者対応の有効な引き出しのひとつと期待されていたと思う。市町村による温度差もある。形のないものには取り組みにくいであろうから、ＮＰＯとして、フードバンク活動を実際にやってみることは、社会福祉協議会のお役に立てるのではないかと思われた。あの手この手を試しながら、ある程度の形を示さねば。

また、社会福祉協議会はボランティアコーディネートのプロ集団だ。それは、私たちフードバンクにとっては頼りになりそうで、おおいに期待する。

この補助事業は、社会福祉協議会とのつながり、中国四国のネットワークづくり、子どもたちへの食品ロス削減の啓発、大学との連携などのさまざまなきっかけを作ってくれた。

第三章　ネットワーク型の底力（ソコヂカラ）

一・支えるつもりが支えられ

私の職場、えくぼホームヘルパーステーションの道向かい。

交差点角っこの小さな家に、毎週火曜日、三〇人ほどがぎゅうぎゅう詰めで集まる。

特定非営利活動法人ホームレス支援きずなの安楽亭（あんらくてい）。当初は、全然違う場所でされていて、引っ越すと聞いてはいたが、目の前に移転してきたのにはびっくり。

おしゃべりし、昼食を一緒に取りながら数時間を共に過ごしている。

設立から一緒に「フードバンク岡山」を作ってきたきずな。きずなの豊田さんに、団体の紹介と「フードバンク岡山」の活動について、聞いてみた。

「七夕と聞いておきなの足かるく」

慢性的な疾患を抱え、単身で暮らす六〇代の男性が詠まれたものらしい。この句から、日々の生活の中でささやかな喜びをかみしめながら生きている様子が浮かぶ。彼が今一番欲しいものは、小さな幸せを感じることのできる心。人とのつながりの中で、居場所を見つけ、安心して生活している彼は、時々句を詠む。その句は、集まっている人々の心を温めていると教えてくれた。

きずなは、ホームレス支援団体として、二〇〇二年に路上生活を余儀なくさせられている人々の冬のいのちを守ろうと炊き出しを中心とする活動を開始し、現在は、炊き出し、夜回り、火曜の会（生活困窮者を中心にした集まり）を通して、ホームレス状態の方など生活に困窮している方々の自立支援、自立後の支援、また、岡山市の委託事業として家や仕事を失った方々を対象とするシェルター、帰る場所のない刑余者を受け入れる自立準備ホームの運営をしている。

2016 年度総会。多彩なメンバー

一五年間の活動から、ホームレスとは、仕事と家という物理的なものを失った状態（ハウスレス）だけではなく、人が人として生きていく上で、かけがえのない関係性を失った状態であることを学び、本人にとって何が必要かと考えると同時に、孤立無援の状態に置かれている本人と共に誰が必要かということを一緒に考えておられる。

孤立無援の状態とは、

①一緒にご飯を食べる、つらい時に励まし合う、子育て・介護の世話を助け合う仕組みから排除されている。
②生活を維持したり、立て直したりする情報から排除されている。
③生きがい、生きる意味を喪失している。
④安心して生活できる場所を喪失している。
とのこと（豊田さん）。

豊田さんたちが、まず始めたことは、一緒にご飯を食べること、一緒に時間を過ごすこと、話をすること。とてもシンプルなことだ。出来立ての食事を、テーブルを囲んで、当事者もボランティアも一緒にいただく。おしゃべりする者、傍らでは将棋に興じる者、ギターを奏でる者、それぞれの時間が流れていく。時間、場所、体験の共有を通して、自分の場所を発見し、再度、人との絆を構築していく姿が見えてきたことはこの上ない喜びと言われる。

そんなわけで、通りかかると、毎回、満員。楽しそうだ。

「フードバンク岡山」が誕生して、炊き出しなど困窮者支援には、食料品を役立ててもらえればと思い、積極的に受け取ってもらっている。生鮮食品は、炊き出しなどに、お菓子は、火曜の会のお茶うけに、災害備蓄品は、夜回りにと、余すところなく活用してくれている。野菜、果物で、炊き出しは飛躍的にメニューのバリエーションも品数も増え、日ごろアンパン、缶コーヒー、揚げ物の多いお弁当を口にすることが多い人たちにとって、野菜は彼らの救世主だと教えてくれた。最初からいただいているおかやまコープ、個人農家の野菜は、「フードバンク岡山」の大きな強み。

食料品を受け取る側は、たくさんの人たちの厚意によって自分たちは支えられているのだから感謝しなければと思いがちだが、捨てられるはずだった食料品を食べてもらうことは、実は、食品ロスの削減に貢献している立場なのではないかを考える。

受益者はどっちだ？　視点を変えれば、実は、食品提供側が受益者であるのかもしれない。さらには、食べるだけでなく、実際の提供食品の運搬、仕分け、記録、配達などを担ってくれているという場面も多々生まれているのだ。

「フードバンクに関わって、支援される側だけではなく、支援する側でもあったという新しい発見がある。何かの誰かの役に立つ存在として、自分が生きているという発見は、自立へ至る第一歩となり得る。おなかを満たすのみと思っていた食料が、実は彼らがもう一度生きる意味を考えるきっかけとなるとは思いもしなかったことで、フードバンクの物と人のつながりが思いがけない効果を生んでいくことに希望を感じている」と語る豊田さん。

支えるつもりだったんだけどなあ。実は、大きな力で、「フードバンク岡山」を支えてくれている。

二、チャレンジする社会福祉協議会

総社市社会福祉協議会は、いち早く、「フードバンク岡山」と連携を始めた社会福祉協議会。二〇一四年七月一日に生活困窮者自立促進支援モデル事業として、生活困窮者支援センターを立ちあげ、自立相談・家計相談・学習等支援事業を試行し、二〇一五年の生活困窮者自立支援法の実施とともに、本格実施し、県内の牽引役となっている。経済的に困窮している人だけでなく、社会的に孤立している人を、地域一体で、関係機関や制度・サービスにつないだり、また個々人にあわせた支援計画を考えたり、自立に向けた支援に取り組んでいる。相談から就労などの自立につながる支援アイテムの一つとして、フードバンク食品を位置づけている。

こんなこともあったそうだ。なかなか直接、話すことが難しいご家庭に対して、アルファ米（災害備蓄食品）にアンケートをつけて、食品モニターを依頼した。この職員の機転がきっかけとなり、家のドアが開き、困窮状態から抜け出るための第一歩である生活環境を整えることに成功した。その後、公的サービスも入り、見守る地域の方も増えた。フードバンク食品は、食品ロスなので、食べることが即「ロス削減」という「社会貢献」につながる。その食品の「フードバンク食品」の特質を理解し、「一緒に社会貢献しようや！」と神社や公園でアルファ米を共に食べ、相談者との信頼関係を深めた職員さんもいらっしゃった。フードバンクからの食品が、つながりの再構築の「きっかけ」として活用されているとは、とても嬉しい。

「フードバンク岡山」との連携から、おかやまコープとの連携もスタートした。

そして、さらに、この総社市社会福祉協議会のチャレンジ（総社モデル）は、県内の社会福祉協議会へと広域展開されていく。

二〇一五年度には、２Rシステム構築モデル事業（環境省）「持続可能なフードバンク活動による２Rシステム構築」が岡山で実施された。２Rというのは、「リサイクル」より優先順位の高い２R（reduce・減量　reuse・再利用）に取り組みましょうという活動である。受託団体は、我らが（株）廃棄物工学研究所！「フードバンク岡山」は総社市生活困窮支援センター（総社市社会福祉協議会）とおかやまコープとともにモデル事業構築に取り組み、おかやまコープ総社東店で発生する食品ロスの同センターへの提供を試行した。

翌二〇一六年度より本格的な運用を開始するとともに、瀬戸内市においてもおかやまコープ西大寺店と瀬戸内市生活相談支援センター（瀬戸内市社会福祉協議会）との連携により同様の事業を実施し、両地域における食品ロスの削減とセーフティーネットの充実に貢献してきた。さらに、岡山市寄り添いサポートセンター（岡山市社会福祉協議会）及び倉敷市生活自立相談支援センター（社会福祉法人めやす箱）へも、おかやまコープ各店舗（岡山市内四店舗、倉敷市内二店舗）より食品ロスの提供がスタートした。現在、赤磐市においても実施準備中。ここまでくると、「もう、『フードバンク岡山』

さん、無理して同席しなくても大丈夫ですから」とまで言ってもらえ、残るは、津山、浅口の店舗。見事に、県内各地域における食品ロスの削減とセーフティーネットの充実がつながる仕組みづくりがすすんできたように思う。

このあたりを着実に進めているのは、半農半ボラ（ボランティア）の三田善雄さんである。自宅が、総社市に近いというのも大きな強みの岡山市民である。

総社市、瀬戸内市は、三田。岡山市は豊田、赤磐市は、豊田、糸山。私は赤磐出身なので、思い入れは強い。県社協には、豊田、糸山、さらに、「フードバンク岡山」の監事の弁護士が別団体代表で参画するといった感じで、オールキャストが揃い踏み。縦横無尽、七変化である。

三．企業からも声がかかる

受け取り団体の仕組みは進む。受け取りたい団体からの問い合わせはある。

さて、提供企業をどう広げるか。企業に案内していくにも人手が必要、最初の（株）廃棄物工学研究所の調査でも「提供したい」という企業はそれほどなかった。ありがたいことに、おかやまコープの野菜提供はコンスタントに続いている。

私がこれまで関わったいろいろな市民活動では、行政や企業との連携を持ちたいと思いながら、なかなかハードルが高かった。

しかし、そもそもフードバンクという活動は、企業との連携なしでは成り立たない。当然、企業と付き合うことがあたりまえとなった。様々に配慮が必要である。企業対応は一律のルールかと思えるが、実は逆で、基本ベースはありつつ、企業ごとの対応も多い。例えば、積極的に社名を出してほしい会社もあれば、絶対出さないでほしいという会社もある。受け渡しの方法や送料の負担なども企業の事情でかなり違う。フードバンクとしての基本ベースは押えつつ、多様につながろうと考え、さまざまな機会をとらえて、「フードバンク」という仕組みの存在をアピールする。

ありがたいことに、廃棄コストの削減や環境負荷の軽減の観点から、関心を持ってくださる企業も徐々に増えている。積極的にかかわってくださる企業も増えてきた。

早い時期に連絡をくださったのは、電力会社の備蓄食品。災害対応の備蓄品にも賞味期限があり、入れ替え時期が来る。その期限前にフードバンクに提供してくださるというパターンだ。乾燥したものなので、受け取りや配布も安心だ。病院からも備蓄品。県外の大きな企業からの備蓄品の提供もあった。

そして、企業とのつながりを加速してくださったのは、食品スーパーマーケットのハローズ[*1]。広島、岡山、香川、愛媛、徳島、兵庫に展開し、岡山県早島町に本部を移転し、物流拠点を整備された。最初は、店舗で廃棄伝票を起票し、賞味期限の残っている食料品を毎月の全店舗の店長が集まる店長会議に持ち寄ることとした。その集まったものを取りに行くという形と、ホームレス支援きずなの最寄りの一店舗に、月一回直接取りに行くという形でスタートした。すぐさま、近隣のフードバンクに紹介し、福山、香川、愛媛それぞれの地域で、ハローズとフードバンクが契約を結び、取りに行くということが始まった。そして、その後、本部への持ち寄りから、全店舗に直接取りに行く形に移行中である。「フードバンク岡山」の担当者が全店舗を回って、回収するというのは不可能なので、「フードバンク岡山」の拠点団体や地元のこども食堂、子育て支援団体などが取りに伺うという形で進めている。移動距離が短いこと、これが一番。

ハローズとの出会いにより、新展開を迎える。

ハローズが同業各社や取引先をどんどん紹介してくださる。冒頭の美作大学のある津山。この地域にはハローズは展開しておらず、同業のマルイ[*2]を紹介してくださった。津山の拠点団体としても、地域一番のスーパーマーケットとつながりたいと思っていたが、よいアプローチが見つからないでいた。同業各社への紹介は、心強い。このマルイと、拠点のオレンジハートがつながり、美作大学食品ロス削減サークルの活動へとつながっていったのだ。

さらに、関心のある取引先にも紹介してくださり、合意できれば、毎月、日にちを決めて取りに行くというパターンで進めている。そして、まだまだ、スーパーマーケットの名前を挙げてきてくださっている。うわー。

また、野菜を提供してくださっているおかやまコープにも店舗がある。こちらも店舗からの提供は前述のとおり拡大中である。ＪＡも関心を持っていただいたところから、試行を始めている。

＊１　主に中四国地方に展開する食品スーパーマーケット。
＊２　岡山、鳥取で展開するスーパーマーケット。

四．顔の見える関係こそ、最大の安心

二〇一五年四月の「生活困窮者自立支援法」の施行により、県内の相談窓口からフードバンク食品の利用に関する問合せ件数は急激に増えた。即座に全てのニーズに応えることは難しいのが現状だが、フードバンクに参加している多くの団体やボランティアのみんなとともにネットワークを駆使し、工夫を凝らし、食の支援ができる体制を常に模索している。「生活困窮者自立支援法」による相談窓口は、市町村の直営、社会福祉協議会委託、民間委託など様々である。

一方、私たち「フードバンク岡山」では、食品の受け取り手でもある団体が、「フードバンク岡山」の担い手そのもの。「特定非営利活動法人　岡山・ホームレス支援きずな」、「特定非営利活動法人子どもシェルターモモ」、障がい者支援の「特定非営利活動法人ミニコラ」、この三団体が

岡山市内外での食品の受け取りや配布を大きく担っている。

みた農園で、食品調整や一時預かり、（株）廃棄物工学研究所で電話対応、えくぼホームヘルパーステーションが個人からの食品預かり、活動を続けていく中で岡山市内での活動を支えている。

そして、多くの有志個人ボランティアの参加によっても支えられている。

食品管理記録を支える自転車屋さん

初期から関わってくれている自転車屋（アベサイクル）店長、安部俊幸さん。キャリアを活かし、食品管理記録システムへのアドバイスや、コープ農産センターからの提供生鮮食品（野菜）の記録の入力などを担う。提供される食品の管理は、フードバンク活動の最重要項目の一つ。特に既存の団体が拠点事業としてフードバンク事業を実施し、食品管理も担当する活動方式を実施している「フードバンク岡山」では、なおさらのこと。活動の立ち上げ時期に作成した入力支援マニュアルや、マニュアルに沿った研修などにも、尽力いただいた。人が常駐しているという強みを生かして、フードドライブの受け取り窓口も担ってくださる。

新鮮で、栄養価の高い野菜を食べて

最近は、個人の農家からの野菜の寄付も増えてきた。牛窓の農家のYさんもそのひとり。お一人

で農業をされていて、そろそろ畑を縮小しようと考えていたころ、ＴＶ番組で子どもの貧困を知り、自分の作物を使ってもらえるなら畑を続けようかと思ったとのこと。この野菜を取りに行ってくれるのが、ミニコラの山本真也さん。

同様に、岡山市北区撫川のＨさん。困っている人に新鮮な野菜をと、わずかな傷などのため出荷できないものを提供してくださる。定年退職後、実家の三反の畑を受け継いだＨさんは朝五時には畑に出て、産直市に出荷する野菜の袋詰めが終わるのは夜中の一二時近くにもなるそうだ。お忙しい中、軽トラでまだ泥の付いた新鮮野菜を届けてくださる。

山本さんの調整により、パステルの牛乳配達便が食品を運んでくれたりもするのだった。

会の中心部を担うボランティアもプロ

ＮＰＯ事務に詳しい人、日々の会計事務や会員管理を地道にする人、食品の受け取り、提供の調整をする人、フェイスブックで情報発信する人、これまでや、今の仕事の中での蓄積をいろいろに発揮して、会の基本事務をきっちり進めてくれるメンバーがひそかにいる。

第四章　切り口は無限に

一．県内のパワフルな拠点

「フードバンク岡山」の立ち上げの時に、白羽の矢を立てたのは、県北の津山市の特定非営利活動法人オレンジハートと、県西部の笠岡市の認定特定非営利活動法人ハーモニーネット未来。思ったとおりの、いやいや予想以上の大展開。「フードバンク」という活動をうまくそれぞれの活動に取り入れながら、それぞれの地域づくりに生かしている。地元でのきめ細かな活動がすごい。岡山市では、前述の特定非営利活動法人ホームレス支援きずなや特定非営利活動法人シェルターモモが大きな役割を担っている。

【認定NPO法人ハーモニーネット未来（子ども劇場笠岡センター）】

笠岡市で、拠点活動を担っているのは、子ども劇場を前身とするハーモニーネット未来。子ども劇場で働いていた頃からのつながり。

「子ども時代が豊かであってほしい」という願いのもと活動を展開する代表の宇野均恵さん。岡山全県にフードバンクを広げたいと思った時、すぐに思い浮かんだ人。子どもにとってのいい環境とは、今を生きるすべての人の尊厳が守られる社会が必要と気づき、現在は対象が親子から、高齢者、障がい児（者）、若者にまで広がっている。子どもや障がい児（者）、シングル家庭への支援の必要性を実感している時にフードバンクと出会い、品質や安全性に問題がないのに廃棄されてしまう食品が、必要な人に届く循環を広げたいと思い、即、活動に参加。笠岡・井原地域を中心に、行政、社会福祉協議会、児童養護施設、福祉施設など数十団体と連携し、物資を必要な人たちへ再分配できる仕組みをつくり、実施している。食品を無駄なく届けるには、やはり、地域のネットワークが重要。さすが、笠岡。さすが、子ども劇場。

「行政や社会福祉協議会から『すぐに食べられるものが何かある？』という問い合わせがあった時、実際に食品を提供するフードバンクの仕組みを活用することができて良かった」と語る宇野さん。企業だけではなく、各家庭においても廃棄するものを減らし、必要な人に、必要な物が届く、この循環を広げていく。そのために、企業や農家、行政や各種団体などと連携し、大きな目的に向けて手を結びあい、地球環境を守り、今を生きるすべての人が安心して生活できる地域社会の創出をめざしている。

二〇一六年度はＷＡＭ（独立行政法人福祉医療機構）の助成を受け、津山、井原、笠岡、福山をつなぐ広域ネットワークを構築してくれたパワフル団体。

【特定非営利活動法人オレンジハート（津山拠点）】

オレンジハートの活動目的は、地域の子どもの健全な成長で、そのために「子どもたちの居場所づくり（不登校児支援）」「子どもたちへの学習サポート」「親（大人）たちや地域の方への支援者のためのセミナー・研修・集まり」「専門カウンセラーによる相談」などを行っている。元々、私が理事長を務めている学童保育つながりでスタートしたＮＰＯ法人だ。角野いずみさんが中心になって活動している。

フードバンクの津山拠点として、地元津山のパン屋さんやお土産屋さんなどの食品関連企業や個人農家、そして岡山地域拠点から食品提供をうけて、その食品を障がい者作業所、児童養護施設、若者支援団体、老人会、学童保育などの施設・団体に受け渡している。これらの食品のやりとりを通じて、これまでになかった地域の団体間の助け合い、支えあいのネットワークが広がっている。

さらに、フードバンクへの理解を広げるため、「フードバンク」をテーマにした講演会を美作大学で開いて、今後社会人となる若者たちにセーフティーネットの重要性を知らせたり、フードバンク食品を利用してカフェを開催したり、チャレンジャー精神にあふれている。高齢者を中心とした参加者から「みんなと食べるからたくさん食べられる」「自分では作らない変わったものが食べられてうれしい」などの声が寄せられる。

　こども食堂の定期開催も始まった。ここに美作大学食品ロス削減サークルの大学生を始めとするたくさんのボランティアや応援団が加わり、また、子どもたちの参加もあり、食と食べ物をきっかけとした活動は、人の輪を存分に広げている。津山市の環境イベントである親子エコフェスタには毎年出展し、津山市のＮＰＯ、任意団体、町内会、大学などに広く呼びかけたりしながら、「食べられる食物」を生かし、地域課題の解決に結びつける可能性を探り、協力できることの模索を始めている。発想はいくらでも広がる。

二、善意の受け皿　フードドライブ

「フードロスが出るのは、生産、流通過程、販売の企業からだ」と思いがちだ。ところがどっこい、実は、「フードロスは、企業からと家庭からがほぼ半々」というのが最近の調査である。ならば、消費者の私たちとしても、なにかを取り組みたい！　アクションを起こさねばならないのではないかと最近注目されているのが「フードドライブ」である。

　いただきものや、買いすぎてしまった食品など、未開封のまま家庭に眠っている食品を集めて、必要な団体に提供して活用する活動のことで、公民館、職場、学校など、個人やグループで簡単にできるフードバンク活動だ。どこかに箱を常設して集めることも可能だし、イベントなどでコーナーを設けて実施することも可能で、状況やメンバーによっていろいろな工夫をすればよい。

あちこちのフードバンクで実施されている情報をもとに、「フードバンク岡山」として現在、以下のようにお願いしている。

【ご寄付いただく食品への注意事項】

①賞味期限[*1]が明記されているもの（消費期限[*2]の食品は対象外）
②賞味期限がまだ一カ月以上残っているもの
③未開封であるもの、破損していないもの
④お米は常識の範囲内で古くないもの（冷暗所で保管されたもので虫などいないもの）

【ご寄付いただきたい食品】

穀類（お米・麺類・小麦粉など）、保存食品（缶詰・瓶詰など）、インスタント食品・レトルト食品、調味料各種・食用油、飲料（水・ジュース・コーヒー・紅茶など）、ふりかけ・お茶漬け・のり、ギフトパック（お歳暮・お中元など）

※冷凍・冷蔵・生鮮食品、アルコール類などは対象外

年に一度のイベントでフードドライブを実施された岡山市立京山公民館。三年目の年、せっかくなので、毎月第二月曜日に開催している「京山みんなのカフェ」で、フードドライブ実施をしましょうかとの申し出をいただく。二〇一六年五月九日の初回には、約二二キロ（一一五品）が集まり、予想以上の滑り出し。それをまた、パステル牛乳便が取りに伺い、ホームレス支援きずなに届けてくれる。

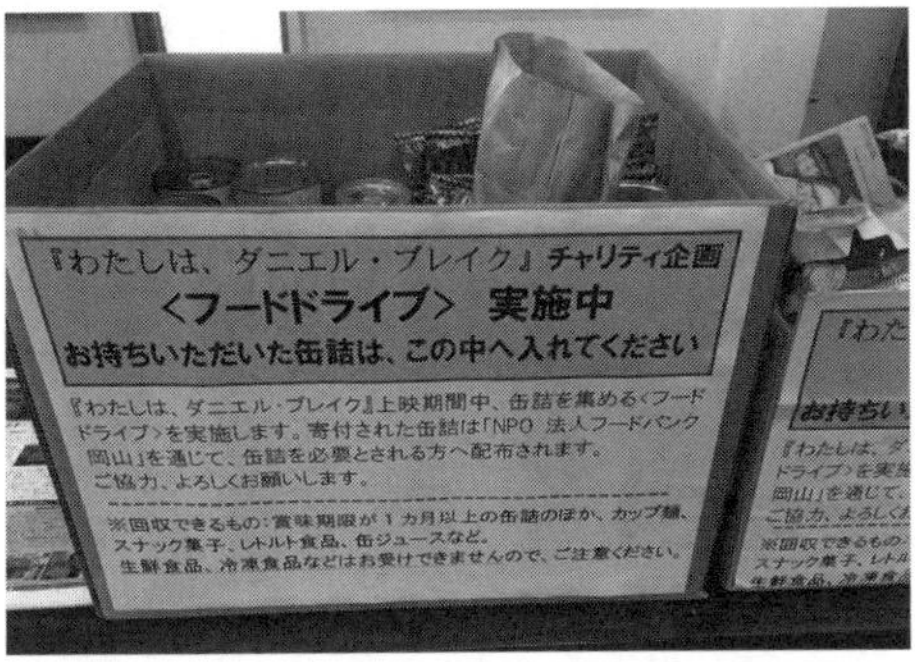

フードドライブ。いろいろなものが集まるのが嬉しい。

また、毎年五月三〇日のごみゼロの日に、ちなんで、公民館三館ほどが、フードロス削減のテーマで、フードバンクの話を依頼してくださる。話を聞いてくださると、みなさん何かやりたくなる。そして、この京山公民館のことをお話しすると、公民館でフードドライブやってみたいと話がすすむ。「広報・受取・記録」を公民館活動の一環として実施する京山モデル。今後の地域展開の核となりそうだ。

何かやりたい、役に立ちたい。そんなみんなの善意を表現して、つないでいける取り組みだ。企業からの提供と違って、いろいろなものが集まるものもありがたい。

＊1　おいしく食べることができる期限。この期限を過ぎても、すぐ食べられないことではない。
＊2　安全に食べられる期限。期限を過ぎたら食べないほうがよいとされている。

三．仲人も有効

受け取って、必要な人に届くまでには、日数がかかる。もっとも、「賞味期限」＝「おいしく食べられる期間」だから、正しく理解すれば、賞味期限を過ぎたものも全く問題がないのだが、現状今の段階では、誤解を生んではまずいので、「フードバンク岡山」としては、賞味期限が一カ月以上あるものを扱っている。

しかし、もったいない。もともとパンなどは「その日のうちに召し上がれ」という性質の食べ物もある。それら賞味期限の短いものは、「フードバンク岡山」を経由せず、直接紹介。そこも善意のつながり。

例えば、街のお菓子屋さんのおすそわけの話。

作ったものは、売り切って、できれば全部食べてもらいたいのが作り手の思い。岡山市北区のグルテンフリー米粉スイーツブラウンは、売れ残りそうな商品については値引きの工夫などされていた。それでもなかなかさばききれない日もあって、悩まれていたそうだ。そんな時、お客様から

「フードバンク」の存在を紹介され、事務局に連絡くださった。冷凍すれば日持ちするが、消費期限間近なものや冷蔵・冷凍品は「フードバンク岡山」としては対応しにくい。そこで、直接、紹介。そうはいっても、受け取り団体も急な対応が難しいので、間に、抱っこボランティアをされている「ぐるーん岡山」の力を借りて、児童養護施設へお届けすることに。「ぐるーん岡山」が無理な時は、別団体のスタッフ、職員が対応、それも無理な時は糸山が！　というゆるゆるネットワークで、お届けしている。児童養護施設の子どもたちから、お店宛に時々かわいらしいお礼のカードやお手紙が来るそうで、喜んでおられた。

パンも同様。岡山市中区のフクラムフクラムというパン屋さん。こちらは里親ファミリーホームに紹介。また、熊本震災の際には、いち早く、店頭で募金をしてくださった。

また、クリスマス前には、子ども支援団体に、ピザを提供してくださる津山市のリトファンイタリアーノが現れたりした。岡山市と倉敷市の店舗へボランティアさんが取りに行き、団体へ届けるのだ。こちらは食品ロスではなく、れっきとした商品の提供だ。

四．災害対応はどうか

二〇一四年八月二〇日、広島市で豪雨災害が発生した。局地的な被害、そこは広島のフードバンク「あいあいねっと」の所在地だった。たいへんな被害だった。後日、代表理事でもある原田佳子さんに、被災当事者として、また、地域のフードバンクとしての対応や課題についてお話しいただく機会を持てた。県内ボランティアとして参加したフードバンク福山のメンバーから被災地の様子とボランティア活動の現状、また、近隣の社会福祉協議会として支援活動に参加した香川県社会福祉協議会の方から、災害時の社会福祉協議会の動きを教えていただくこともできた。

「フードバンク岡山」としては、隣県ではあるが、冷静にSNSを活用して、近隣のフードバンクでの情報共有に取り組んだ。フードバンクとして、災害時に必要とされること、その後、課題になってくることなどを意見交流した。その後も、二〇一六年四月熊本震災、二〇一七年七月九州豪雨など、自然災害が続いている。身近なこととして、出された意見を紹介する。

【災害発生時の動き】

・利用者、スタッフの安否確認。名簿や連絡方法の把握が重要。
・ボランティアセンターが設置され、食料支援は大量に寄せられた。今回の災害は、局地的だったこともあり、災害発生時の食料品の寄せられ方はシステム化されている感もある。災害直後は、フードバンクとしての食料支援は不要だった。
・寄せられた食料品をいかに有効に活用するかがむしろ課題だった。地元の大学生のボランティアが、一般ボランティアをねぎらうという活動に食品を活用したのも好例。

・「あいあいねっと」の事務局長がボランティアセンターで活動したこともあり、情報収集と共有をボランティアセンターのものに一元化し、混乱を避けた。

【期待される継続的な支援】

・食品の提供そのものよりも、一緒に食べる、訪問して食品を届けるなど、「食べ物」を媒体にして、人と人とのつながりを作ったり、心を癒したりすることが重要となった。

・さらには、フードバンクが直接、つながりを作る活動をするよりも、例えば子育て支援団体が実施するイベントや取り組みを食品の提供による支援が力を発揮している。

・被災地を離れ、別の土地の住宅に入居せざるを得ない人が増え、地元でなく、市内全域に生活困窮者が広がり、埋もれてしまう可能性が大きい。そこへの支援を誰がどう担うのか。フードバンクがかかわるのか。

【大学生が力を発揮】

・夏休み中ということで、大学生の活躍が目覚ましく、フードバンク活動にも大学生が参加。

・若い人のがんばりは被災者を元気づける。

・継続して大学生がフードバンクと災害支援についての活動を行っている。

【日常的なつながりの重要性】

・助け合って逃げられるかどうかは、普段の生活でのつながりが重要であることを痛感した。

・フードバンク（「あいあいねっと」）としても、配食弁当の再開までの間は、民間業者が代替してくれた。普段からの付き合いの重要性を業者間でも感じた。

【近隣のフードバンク】

・近隣フードバンクで、情報共有のためのフェイスブックグループを作った。これまでのつながりがあったため、簡単にスタートすることができた。広島の現場の混乱を想像して、「直接の連絡はしない。窓口一本化。冷静で正確な情報の収集と共有」を目指した。ボランティアセンターからの発信を共有した。情報の一元化は重要。

・県内ボランティアのみの受け入れとなっていたため、「フードバンク福山」のメンバーがボランティアで現地へ行かれ、その様子を共有した。

【災害時の社会福祉協議会】

災害には、近隣はもちろんのこと、かなり遠方の社会福祉協議会（社協）までもがボランティアを積極的に派遣する。社協の職員は、そのコーディネートに追われるとのこと。香川県社協の場合、徳島、広島と災害が続き、連続して注力した。社会福祉協議会は、全国各地の福祉の最先端を担っている。組織的な動きも得意であり、仕事として動く職員も多数いる上に、ボランティアを募ってコーディネートして、さらに大きな事業に取り組む力を持っている。しかし、市町村の規模により、人数も事業も異なり、社会福祉協議会としての力を存分に発揮してもらいながら、それぞれの組織と柔軟に協働していく方法を探る必要がある。

二〇一五年二月には、「フードバンクかごしま」の原田一世さんら三人を招き、「フードバンクかごしま」の災害時対応（桜島の噴火など）についての話も聞くことができた。災害の少ない岡山では、あまり意識しないことだった。そんなつながりもあり、二〇一六年四月に起こった熊本地震では、「フードバンク岡山」は、いち早く熊本の支援に入った「フードバンクかごしま」を財政面で支援した。きっかけは、前述の店先に募金箱を設置されたパン屋さんからの申し出。フェイスブックによる呼びかけで、お店や個人から寄付が寄せられた。

五．こども食堂、広がる

二〇一五年頃から、こども食堂の取り組みが県内のあちらこちらで始まるようになった。

二〇一六年になってからの動きはさらに加速してきた。スタートと同時に、食品の提供依頼に、フードバンクに電話してこられるこども食堂も増えてきた。

ひとつの例として、いち早く、「フードバンク岡山」とつながった倉敷のこども食堂に届くまでの様子を紹介する。二〇一六年七月より、おかやまコープが提供してくださっている野菜を倉敷に届けることが出来るようになった。受取り団体は、特定非営利活動法人「子育て応援ナビ　ぽっかぽか」。「フードバンク岡山」のメンバーがニュースレター記事の取材のため訪問すると、すでに美味しそうな夕ご飯の匂いが…。

地元大学生たちの「地域の子どもたちのために、何かがしたい」という声に応えて、ぽっかぽかと連携して開始。日頃、あまり料理をしない学生たちだが、今ある食材で何を作るかを子どもたちと相談して考えているのだとか。調理も子どもたちと一緒。料理ができあがり、一斉に「いただきまーす！」。おかずは焼肉のタレで味付けした肉野菜炒め。おかやまコープから提供されたピーマンやズッキーニもたっぷり入っている。問題なく食べられるのに捨てられる野菜たちが、みんなの胃袋に収まっていく。野菜を届けるルートができて本当に良かった。岡山市のおかやまコープの拠点から、お隣りの倉敷市の団体に届くようになったのは配達ボランティアの男性からの申し出だった。何かフードバンクの活動に参加したいと、月に一、二回の日曜日、岡山までマイカーを走らせてくださっているのだ。食べ物を通じて、新しい人と人とのつながりが生まれるフードバンク活動。

当時、この活動にかかわっていた学生たちの活動は、さらに進化し、子どもソーシャルワークセンターを立ち上げ、活動を続けているとのことだ。

二〇一六年度には、全労済の助成金を受けて、「フードバンク岡山」として、子ども食堂のネットワークづくりに取り組んだ。情報交流のためのＳＮＳグループを作り、ゆるくつながっている。不定期に提供される個人や農家からの食品情報を伝え、それぞれのこども食堂の開催日にタイミングが合えば、提供している。また、前述のハローズの店舗からの提供は、積極的にこども食堂とつなぎ、地元の団体が店舗からの提供品を受け取る仕組みを作っている。量や種類、時期のミスマッチがあれば、これまた、こども食堂間で融通している。

こども食堂のネットワークに取り組めば取り組むほど、社会的な関心の高まりを感じる。現状を把握しようとしても、次々に誕生し、つかみきれない。二〇一七年七月九日に開催した「こども食堂始めてみたら交流会」には、岡山県内一二のこども食堂が集まった。こども食堂をやってみたいという人もたくさん参加し、総勢七〇名で熱く語り合った。ロータリークラブが共催、医院が会場提供してくださるという広がり。加速しながら、まだまだ広がるだろう。地域の状況や、始める人により、さまざまな形のこども食堂が生まれる。「不定期な食料提供」という「強み」を生かし、つながるための支援を続けたい。

六．研究者がいるという強み

「フードバンク岡山」の強みは、研究者がメンバーであるということ。（株）廃棄物工学研究所が立ち上げのきっかけを作ってくれて以来、役員として石坂さんが参加しており、電話対応の窓口の役割を会社が引き受けてくれている。

国や市の補助金を取りながら、研究の側面からも大きく支えてくれている。また、各拠点で入力された重量の最終集計や、分類、換算など、「良き市民」だけではできない部分に存分に力を発揮してくれている。活動の分析や提言もシャープである。（株）廃棄物工学研究所がいればこその力がある私たち。この強みは、後段で紹介してもらう。

第五章　フードバンクは止まらない

一．湧いてくるアイディア　広がる活動

フードバンク活動に絡んで、始まったことは実にたくさんあって、「『フードバンク岡山』の活動です」とは言い難いが、私にとっては実にたくさんのユニークな副産物を得ている。

いい日、私の朝ごはんグループ（フェイスブックグループ）

「セカンドハーベスト・ジャパン」主催の二〇一四年一〇月の「フードバンク推進全国シンポジウム」に参加した。車中、井出留美さんの食べることの大切さを書いた『一生太らない生き方』（ぴあ／二〇一四年一〇月）を読んだ。シンポジウムで、フードバンクの食品を活用して、子どもたちへの食事提供の取り組みをいくつも聞き、「食べることの大切さをみんなで考える機会を作りたい！」と思った。本業のヘルパーではあれこれご飯を作っても、自宅での調理では、テンションの下がる私。そんな私に刺激をくれたのは、ＳＮＳに投稿される単身赴任中の大学時代の後輩の晩ご

飯の写真。すぐ真似して作るというのを何度も経験していたので、これを朝ごはんでやればいいじゃないかと考え、フェイスブックで朝ごはんグループを作った。一一月一日スタート。だから「いい日」。いや、「いい日」と名付けたかったから一一月一日スタート。ダジャレは話のネタづくり、自分の記憶に取り込むのに効果的。この話に乗ってくれそうなマダムメンバーに声をかけ、毎朝の投稿はもちろん、投稿してくれた人へのコメントの依頼もした。優しい楽しい感じのグループを作らねばならない。マダムグループの人選はばっちり。予想以上の大活躍。私も最初の一年は毎日投稿をがんばったが、その後は、メンバーにお任せ。もうすぐ三年、今や全国各地から三〇〇人を超えるメンバーが参加し、朝からにぎやかにやっている。

提供された野菜で作ったごはん

「フードバンク岡山」づくりのひとつのきっかけをくれた東京のうっかり宇光さん。治療闘病生活をされたのだが、長くがんばって投稿をしてくださった。見舞いに行くには遠かったけれど、毎朝、つながっていられたのはよかったなと、ふと思う。会ったことがない人が増えたけれど、しばらく、投稿がないと思ったら、旦那さんが急逝され、「やっと落ち着きました」とか、「親御さんの介護に疲れているが、投稿とみんなからのコメントは励みになります」とか、自分のために作ったグループでは、あったけれど、みなさんのお役に立てることもあって、なんだかうれしい。朝ごはんを意識して、しっかり食べるようになったのは言うまでもない。ただ、すっかり体重増なのは悲しい。

おからを食べよう、「おからしゅういち」キャンペーン

廃棄されてしまう食べ物の代表選手としての「おから」。

「フードバンク岡山」に提供の申し出があった時期もあったが、「フードバンク岡山」として、とても対応できる性質でもなく、量でもない。心の隅っこにひっかかりながら、参加した二〇一五年三月横浜の「全国中小企業問題全国研究集会」。大腸がん後の体を気遣って、開発された「おからマフィン」との衝撃の出会い。女性経営者の発表にくぎ付け、そのまま、お店を訪問して、大人買いして、東京方面の朝ごはんグループのメンバーや長男に試食行脚し、翌日は、朝ごはんグループマダムに声をかけ、試食会。横浜からお取り寄せするには、「ちょっと、お値段がよろしくてよ」だったので、「誰か、岡山で、おからマフィン、つくってちょー!」と、「フェイスブック」で叫んだら、半年ほど前から知り合っていた、カフェのオーナーシェフが、「作りましょうか?」と返信くれた。ここから、Café B-styleとの第二ステージの付き合いが始まる。

出会いは、ヘルパー訪問。その方のお住いのマンションの一階のお店は、どうも長続きしない。食事の店、食器の店、ああ、また閉店で、改装している。今度は何が始まるのかなと、興味を持ってみていた。いよいよ開店。とある日、フェイスブック活用講座を受けた後、夜、九時のヘルパー訪問までは、時間があるので、お店に入ってみた。講座で学んだことを、早速実践。メニューを眺め、食事を写し、ついでに店主にもインタビュー。変なお客だったらしい。確かに。それ以来、時々、時間調整に利用することとなった。これが第一ステージ。

おからマフィンの軌跡と奇跡。キャラクターがあった方がいいんじゃないか、「地味ーなイラスト描いてよ」と、学童保育保護者つながり、中小企業家同友会つながりのなかよし薬局経営者に軽く頼んだ。ちょっと前に、同友会の講座で、彼女の漫画家になりたかったという過去を聞いてしまったのだ。さらさらっと描いてくれた。そのまま、ふらふらと近所のご利用者さんにこの話をしたら、「私、編みぐるみができるのよ」とのことで、ぐるぐるっと、編んでくれた。立体「おからしゅういち」の誕生である。一号はなかよし薬局へ、二号はカフェで働き、どんどん、増えて一〇号越え。「一生太らない」の井出留美さんの付き人としても活躍中で、講演会に同行して、日本国内はもちろんのこと、海外へも進出中。そして、ちゃっかり全国紙の写真に載っちゃったりもしている。しゅういち母のリハビリがどんどん進み、今、編むしゅういちは、編み目が整い、かちっとしている。一号の編み目ゆるゆるからは、想像がつかない。学童保育の

おからしゅういち12号

しゅういち何号かが、子どもに触りまくられて、擦り切れ中とのことで、久しぶりに、新しいしゅういちが誕生する予定である。

「週に一度はおからを食べよう」。だから、「しゅういち」。某アイドルの名前にちょっと似てるでしょ。「おからしゅういち」。

子どもとともに

高校生だった次男が食材運びを手伝ってくれたのは、今にして思えば、よい思い出。みんなに経験してもらいたいけど、みんなが直接かかわれるわけではない。

特定非営利活動法人 開発教育協会というＮＰＯの紹介で、企業が作った「もったいない鬼ごっこ」のグッズをお借りし、体を動かしながら、フードロスを考える取り組みを行った。「もったいない鬼ごっこ」とは、ハウス食品グループ本社と特定非営利活動法人ハンガー・フリー・ワールド、株式会社博報堂（フードロス・チャレンジ・プロジェクト）が、小学校低学年の子どもがフードロスの問題を体感・学習できる食育ゲームプログラムとして開発したものだ。

また、美作大学の学祭で作り始めたフードロス削減カルタは学生さんが完成させてくれた。フードロス削減すごろくを作ってみたりもした。大学の授業の講師をさせていただく。学生のヒアリングを受ける。学園祭にブース出展。フードドライブの手伝い。大量に届いた時の食品を学童保育に提供し、現物を見ながら指導員と子どもでフードロスについて考えるなどなど、子どもや若者へのアプローチは、いつでもアイディア大募集！　子どもたちが食品ロスのことを知って、食品ロスを減らすことを一緒に考えるのは、新しい未来を考えること。

二．ネットワーク型の強さ

食べることは、誰でもをつなぐ。

フードバンクを始めてなかったら、出会っていない人がたくさんいる。

出会っていても、こんなに親しくはならなかった人もたくさんいる。

地域の人間関係づくりや団体間のつながり作りにフードバンクは役立つ。フードバンクそのものは、食べること（食品提供）に徹して、後方支援を担当すると、地域のさまざまな団体がつながり、それぞれの分野での力が増大される。フードバンクに参加するＮＰＯ、社会福祉協議会、行政窓口、ボランティアなどがつながれるしくみなのだ。フードバンクの目指すこと、食品の性質や取扱いに関する知識や情報を共有しておくことが信頼関係を保っていくためにも重要である。

日常的なつながりが重要である。「フードバンク岡山」は最初っから、ＳＮＳをうまく活用した。ＳＮＳで情報共有しつつ、実際に顔を合わせる場も必要である。県内のネットワークはもちろんのこと、近隣のフードバンク間の連携にも不可欠である。

さらに、災害時には、連絡調整の一本化やSNSの活用など、フードバンクの日常的な活動が役立ちそうである。

こども食堂とのかかわりが始まった中、高齢者層とのつながりをどう作るかが少し課題。意外にLINEはされていたりするので、補助的にLINEグループの活用をしているところである。

団体同士もそれぞれの団体の特徴を理解しつつ、持ち味や強みを生かす。弱いところは別の団体がカバー。例えば、社会福祉協議会の長年の蓄積と堅実な活動と、新しい発想でフットワークの軽いフードバンクの活動がうまく連携することで大きな成果を生むような可能性を感じている。企業の押しの強さと物流システムと、市民活動で細かいところに手が届く良さをミックスすると、これもまた、何かできそうな気がする。

とりあえずやってみよう。声に出してみよう。できる人がやってみよう。無理してまではやらなくていい（でも、ちょっと無理も頼むこともあるけどね）。

三．さて、次のステップに向けて大転換期

改めて。

二〇一二年二月二七日に開催された研修会「フードバンクを知る・学ぶin岡山」（（株）廃棄物工学研究所　平成二三年度農林水産省フードバンク活動推進事業）で、出会ってから五年半。社会も変わった。「フードバンク岡山」というみんなの善意の受皿は、さらに、善意を呼んでくる。

食べ物に感謝し、ここまで届けてくれたたくさんの人の労働に感謝し、「食べて幸せになりたいね」。「お腹がすいて、つらい」そんな人のいない社会をつくりたい。フードバンクはそのことを考える素晴らしいしくみだ。

予想以上の広まりだ。

「『お金がない』を理由にしない」とやってきて、ネットワーク型で、素晴らしい成果をあげてきたと思う。これまでの活動を振り返ると、本当に多くの人の気持ちや時間や経験がつながって、成り立っているのだなあと感じた。

しかし、現在予想をはるかに超える提供者の増加、受け取りの希望の増加。

このままでは、「フードバンク岡山」の存在がこの活動にブレーキをかけてしまうかもしれない。「食品ロスの削減」と「生活困窮者の支援」（誰もがちゃんと食べられる社会）は誰の課題か。みんな、気持ちよく作って、気持ちよく食べて、気持ちよく暮らしたいのだ。みんなの思いをどう社会のしくみにしていけばいいのか。

フードロス削減についても、生活困窮者支援についても、五年前には考えられない関心の高さである。私がうっかり「やってもいいよ」と言わなかったら、岡山の地で、また違った形で始まっていたかもしれない。始めてしまった以上、岡山の地でネットワーク型の「フードバンク」というしくみを無理なく、どう自然体で続けていくのかを考えねばならない。今は転機かもしれない。たくさんの市民活動、企業や行政、社会福祉協議会、個人がつながっている不思議な組織の強みを発揮して、もう一歩、進む時か。

行政と連携したい！　と多くの市民活動は願う。

行政の縦割りを嘆く声は大きいが、行政が縦割りだから、さまざまな切り口でアプローチができる。フードバンクの持つ切り口は多様だ。「フードバンク岡山」は、明確に「フードロス削減」と「生活困窮者支援」をミッションに掲げている。元々は、食品ロス削減の農林水産省事業により、誕生した「フードバンク岡山」だが、ごみの削減やＣＯ２の削減に力点をおけば、環境関係の部署とつながっていける。さらに、ごみの削減をお金に換算して、コストの削減に注目すれば、商工関係にもつながれるかもしれない。全国的には、家庭から出るごみの削減に注力していたり、行政自身がフードバンク活動にチャレンジしていたり、ユニークな取り組みも多い。なかなかアプローチが難しかった生活困窮者支援も、生活困窮者自立支援法により、社会福祉協議会が積極的に取り組み始め、つながりがどんどん増えてきている。行政の提示する協働事業や補助事業のテーマに「フードロス削減」や「生活困窮者支援」に関するテーマも上がってきている。うまく連携する方法を探る。

ここらで、覚悟を決めて、ジャンプ。新しいしくみを模索する。急げ！

特定非営利活動法人「フードバンク岡山」のあゆみ

二〇一二年二月二七日　「フードバンクを知る・学ぶin岡山」で顔を合わせる。
　　三月　有志による学習会講師：「あいあいねっと」代表理事　原田佳子さん
　　四月　フードバンク試行
　一一月一五日　任意団体「フードバンク岡山」発足
二〇一三年八月二三日　特定非営利活動法人「フードバンク岡山」　設立総会
　一二月一六日　特定非営利活動法人「フードバンク岡山」　登記。初年度
二〇一四年四月　一日　二年度
二〇一五年四月　一日　三年度
二〇一六年四月　一日　四年度
二〇一七年四月　一日　五年度

『誰でもできるフードバンクの作り方』

——理論・解説編

(株)廃棄物工学研究所
フードバンク岡山理事
石坂　薫

はじめに

「フードバンク岡山」の電話窓口は、現在、（株）廃棄物工学研究所という会社が行っている。私は、そこの研究員をしている会社員だ。うちの会社は循環型社会形成推進を目的に設立された岡山大学発のベンチャー企業で、廃棄物の３Ｒ（Reduce：削減、Reuse：再利用、Recycle：再生利用）と適正な処理のためのコンサルタントをしている。私自身は修士時代に重金属汚染の調査のために東京のあちこちでハトを捕まえて調査するなどしていて、その後岡山大学の田中勝先生の元で学位をとって、何年か助教として働いた後、先生が設立した今の会社に雇ってもらっている。要するに、私の専門は環境問題で、福祉関連の知識も経験もほぼゼロだった。

そんな私がフードバンクに関わり始めたのは二〇一一年。当時は食品ロスの問題が顕在化してきた頃で、会社の中でも食品ロスの削減のために何かできないかという話になった。その方策の一つとして浮上したのがフードバンクだったのである。調べてみると、当時既に日本にはフードバンクが一一団体以上存在したが[*1]、岡山にはなかった。じゃあ岡山にフードバンクを設立しよう、そのために何をしたらいいか調査研究をすすめよう、ということになった。その後様々な人の協力により実際に岡山初のフードバンクは立ち上がり、今もちゃんと運営されている。

ここでは、福祉の面ではいわば素人の人間が、生活困窮者支援を行うフードバンクの立ち上げや運営を通じて学んだことや、感じたことを率直に書いていきたいと思う。

＊1　二〇一七年現在は七〇団体以上となっている。

第一章　フードバンクとは何かを学んだ最初の一年

一．立ち上げに許認可がいらない？

さて、フードバンクを作るといっても、誰に許可をとったらいいのだろう？　と調べてみると、なんと立ち上げに許認可は必要なかった。それどころか立ち上げた後の運営中も、公的機関の検査や監督等は一切無い。[*1]やりたい、と手を挙げれば、誰でもフードバンクができるのである。その状況は、実質的に今も変わっていない。[*2]

立ち上げに許認可がいらないということは、逆に言えば具体的に何をすべきなのかは自分で決めるしかないということだ。当時はフードバンクに関する書籍や文献も乏しく、一番役に立ったのが農林水産省のサイトで公開されていた平成二一（二〇〇九）年度フードバンク活動実態調査報告書[*3]だった。私はこの報告書で日本のフードバンクとは何なのかを学んだ。今読んでも当時のフードバンク活動の実態と課題についてたいへんよくまとまっていて、使える報告書である。これを書いてくれた三菱総研の担当者の方にこの場をお借りして感謝申し上げたい。

この報告書の一一六ページに、「これからフードバンク運営主体を立ち上げようと考える場合には、（一）組織理念・目的の設定と共有、（二）準備委員会の設置、（三）既存フードバンク運営主体からのノウハウ取得を行うことが重要である」とあったので、そのまま従うことにした。農水省の補助金を使って準備委員会を設置し、その予算で各地のフードバンクにヒアリング調査に行ったのだ。

＊1　ただし、炊き出し等で調理をする時には保健所の許可が必要。
＊2　一方で、フードバンク活動の信頼性の向上のため、フードバンク団体が参加する連盟や協議会等ができ、ガイドラインの策定や政策提言等の活動が行われている。その一つである公益財団法人日本フードバンク連盟に一定条件をクリアして加盟すれば、二年に一度、衛生管理が適正に行っているかどうか監査を受けることになる。
＊3　株式会社三菱総合研究所、「平成二一年度フードバンク活動実態調査報告書」（二〇一〇）。http://www.maff.go.jp/j/shokusan/recycle/syoku_loss/foodbank/pdf/data1.pdf.

二．フードバンクとは何か？　誰が、何のためにやっているのか？

調査を始めた年、二〇一一年度に行なったヒアリングでは、東京都の「セカンドハーベスト・ジャパン」、兵庫県の「フードバンク関西」、山梨県の「フードバンク山梨」、広島県の「あいあいねっと」等の皆さんにお話を伺った。表1－1（p.95,96）に示した各団体の取組の沿革を読んでもらえば分かるが、活動をはじめるきっかけも、やっていることも、それぞれ違う。共通するのは、代表者がそれぞれ明確な目的意識を持ち、非常にエネルギッシュであるということだ。前述のフードバンクは今も第一線で活躍されていて、その代表の皆さんから、フードバンクとは何かについて、様々なことを教えていただいた。

【「2HJ」から学んだこと】

「セカンドハーベスト・ジャパン（2HJ）」は、二〇〇〇年に設立されたわが国初のフードバンクである。大企業から多くの食品寄付を集めており、他のフードバンクの取扱量がだいたい数十～数百トンのオーダーなのに対し、「2HJ」は数千トンのオーダーだ。一般的なフードバンクの活動に加え、フードバンクの普及・啓発事業、立ち上げの支援、連携しているフードバンクへの食品の供給等を行い、フードバンク活動の質を高めるためのガイドライン作りや、そのためのネットワーク作りも行っている。

「2HJ」には「フードバンク岡山」の立ち上げにあたって、様々なアドバイスをいただいた。そのなかで、一番印象に残っているのは、フードバンクの位置づけに係る以下の言葉だ。

【日本におけるフードバンクの位置づけ】

・フードバンクの活動だけで自立支援が成立するわけではありません。困っている人を把握している社会福祉法人、就労相談を行う団体などとの連携によって初めて自立支援を行うことができるのです。

・どちらかというと日本のフードバンクは生活支援という位置づけと考えています。食品を提供するのは自転車がパンクした人にパンクを直す道具を貸すような行為です。個人が自分の足で一歩踏み出すための最低限の手助けをするということです。

ヒアリング対応者：

2HJ代表　チャールズ・E・マクジルトン氏、広報担当　大竹正寛氏（当時）

ヒアリングでは、フードバンクが、いったいどこまでの支援をすべきなのか、求められる役割についても聞いていた。フードバンク発祥の地であるアメリカとは異なり、日本は公的な社会保障制度がある程度整っている。つまり、日本で生活困窮者を長期間支えるという機能は生活保護等の公的支援が担うので、生活困窮者の支援という目的に限れば、フードバンクが担う主要な役割は以下の二点となる。

① 公的支援のスキマを埋める：何らかの理由でつまずいてしまった人が自立したり、公的支援を受けられるようになるまでの間の食料を支援する役割

② 既存の支援活動の質を高める：より栄養バランスのとれた食事の提供に役立つ、削減できた食料費を他の支援活動にあてることができるなど、既存の支援の質を高める役割

私は、スタートからして食品ロス削減が目的であって、フードバンクというと、「困っている人に食品を渡す」くらいしかイメージしていなかったが、5W1Hのうち、What（何を）Why（なんのために）When（いつまで）Who（誰を）支援するのか、ヒアリングを通じて少しずつ学んでいったわけである。

【「フードバンク関西」から学んだこと】

「2HJ」の次に訪問した「フードバンク関西」は、二〇〇三年に活動を開始した、フードバンクの中ではいわば老舗だ。活動当初から食品ロスの地産地消を掲げており、基本的に地元の企業から食品寄付を受けて、地域の団体に渡すということに注力しているのが特徴である。運搬にかかるコストやエネルギーを考えても、地域の企業からの寄付で活動をまわすというのは、理にかなって

いる。

一方で、地域の企業の信頼を得るために、たくさんの努力をしてこられた団体でもある。

【企業の信頼を得るために】

・二〇〇五年二月ごろ食品提供の協力企業を増やすため、食品関連事業者二〇〇社に活動報告書を配布したんです。その後、二〇〇五年六月に鶏肉加工品商社から連絡があり、冷凍鶏肉等の検疫ロット[*1]を提供してもらえることになりました。タンパク源の提供元として貴重な存在です。

・二〇〇七年一二月から認定NPO法人になり、「フードバンク関西」への食品寄附が法人、個人共に所得控除の対象となりました。

ヒアリング対応者：フードバンク関西代表　浅葉めぐみ氏

＊1　輸入品はロット（出荷の最小単位）ごとに管理されており、検疫等のために包装が破られたロットを検品ロットという。検品ロットは全量廃棄されるケースが多い（「フードバンク関西」ヒアリング調査より）。

活動報告書を食品関連事業者二〇〇社に対しいきなり送るということ自体、大変な労力であるし、また、賭でもある。しかしそれをきっかけとして新たな寄付の申し出があり、その後も取扱量は順調に増え、ヒアリング当時で約一八〇トン、その後も同レベルを維持している。認定NPO法人になったのも、企業からの信頼を向上し、そして税制上の優遇措置を食品を寄付してくれた企業が得られるようにすることで、協力企業の輪を広げたかったからだという。

そして食品関連事業者の信頼を得るという点では、集めた食品を無駄にしないということも重要な点である。「フードバンク関西」では、若者が多い施設にはカロリーの多い食べ物を、児童養護施設には果物や菓子を多くするなど、食品が有効に消費されるよう各施設の特徴に合わせて配分していて、また、各施設に使いやすかった食品、使いにくかった食品について聞き、以降の配布にフィードバックしていた。

ヒアリングに対応してくださった代表の浅葉さんはちゃきちゃきとしたエネルギッシュな方で、ヒアリング当時、私がフードバンクを県内で「誰かに」立ち上げてもらうという立場で調査をしていたため、「本気でフードバンクを作りたいなら、やりたい人を探すのではなくてあなたがやりなさい！」とカツを入れてくださった。そのときは正直「う……怖い」と思ったが、その後、「フードバンク岡山」の事務局の立場として意見交換会で顔を合わせたとき、「やっているわね、よしよし」と天女のようなお顔でニッコリしてくださったのが印象に残っている。実際自分達でやってみて、あの時の「あなたがやりなさい!」と言ってくださった理由がよく分かる。本当に、フードバンクは、一つ一つみんな違う。やってみないと分からないことだらけなのだ。

【「フードバンク山梨」から学んだこと】

「フードバンク山梨」にヒアリングに行ったとき、驚いたのは、行政・公的機関との連携が非常に密であるということだった。当時で、既に県の窓口五カ所、市役所の福祉課一六市町、社会福祉協議会一三カ所等と連携しており、生活保護申請の相談等に来た人のうち、今すぐ食品が必要な人については「フードバンク山梨」から迅速に食品を提供する体制が整えられていた。これが、「フードバンク山梨」の食のセーフティネット事業である。

【食のセーフティネット事業】

・見えない貧困をすくい上げる事業。生活保護に至らなくても、ギリギリの生活をしている人がいる。家もあり、車もあり、という状態で食料の支援を続けてその間に就労できれば自立ができる。

・自治体の福祉課から生活保護費申請してきた個人、民生委員が把握した困窮者など、生活保護にいたらない人で食料支援が必要な人については、申請用紙を市で記入してもらい、それが「フードバンク山梨」に転送される。
・「フードバンク山梨」は困窮者の生活状況に合わせて支援する食品を選んで箱詰めをし、月二回、最大で六回まで配送する。その配送は割引価格でヤマト運輸が行う。
・食品と共に「ふーちゃん通信」と返信用のはがきを入れ、食品の提供を受ける側の孤立感をやわらげ、かつ必要な食品を必要な人にとどける効率化に役立てている。
（・二〇一五年から始まった「フードバンクこども支援プロジェクト」で二〇一七年は、県内五四六世帯（子ども一，一二九人）への食料支援、学習支援、居場所づくり等に取り組む。
二〇一七年八月追記）
ヒアリング対応者：「フードバンク山梨」理事長　米山けい子氏

ヒアリング時、特に印象に残っているのは、食のセーフティネット（個人宅配）の食品選び・箱詰めを体験させていただいたことだ。送り先の家庭の申請書には、世帯構成や、これまでにどんな食品を送ってきたのかが記録されている。私が担当させていただいた送り先は高校生の子どもが二人いる母子家庭で、申請書を見ながら食べ盛りだろうとパスタやお菓子を多めにしてみたり、そろそろしょうゆが切れる頃かなとしょうゆを一本入れたりと、想像力を使う作業だった。最後に、他の受給者からの感謝の手紙を紹介するチラシも入れる。受給者に、困っているのは自分たちだけではないと知ってもらうためだ。会ったこともない家庭と、箱詰めの作業を通じて強くつながったような、そんな不思議な気持ちになる作業でもあった。

これは私個人の考えだが、個人に直接食品を支援するかしないかという選択は、そのフードバンクの性格というか主義をかなり左右するのではないかと思っている。「フードバンク山梨」は、個人への直接支援を通じ、社会からは「みえない」と言われる貧困と常に対峙している。フードバンクが生活困窮者の自立支援に有効であり、また、公的支援につなぐ糸口としても機能することを実感しているので、国が主体的にフードバンクを後押しすべきという立場に自然となるのではないか。

「フードバンク山梨」は全国フードバンク推進協議会を立ち上げ、「フードバンクを取り巻く社会的環境整備」をミッションとして、政策提言等を行っている。国・行政を動かしてフードバンクの活動を広げていくために代表の米山さんが絶対必要だと主張されていたのは、フードバンクの経済効果の評価だ。生活保護を受ける前の食料支援ができれば、生活保護受給者数の抑制等のメリットがある。

生活保護費の支払いの経済効果は対応する行政の事務手続きを差し引いて〇・八倍、フードバンクは投入されたコストの一〇倍の経済効果があるという試算も見せていただいた。行政コストを下げるというベネフィット以外にも、食品を寄付する企業の廃棄物処理費の削減、環境配慮活動を通じた企業イメージの向上など、フードバンクのもつ効果は多様である。
フードバンクの経済効果や他の側面の効果を適正に評価し、企業からの寄付、行政からの支援につなげていく必要があること。これが、「フードバンク山梨」から学んだことである。

【「あいあいねっと」から学んだこと】

「フードバンク岡山」の立ちあげにあたっては、「あいあいねっと」の代表理事原田さんから多くのご助言をいただいた。また、衛生管理マニュアルの監修などもしていただいた。詳しい話は糸山さんや原田さんの章にゆずるが、「あいあいねっと」から学んだことは、フードバンクは、その地域の問題に取り組むべきだということ、そしてフードバンクの型にとらわれず、地域の課題を解決するためにはどうしたらよいか考え、それを具体化する柔軟さと実行力が大事だということだ。

ただ、気をつけていただきたいのは、上記の学びは、あくまでも「私が学んだもの」だということだ。先ほども述べたが二〇一七年現在で全国には七〇以上のフードバンクがあり、それぞれ地域で求められる役割も異なること、そして、今後日本の社会保障の在り方が変われば、フードバンクの役割もまた大きく変わっていくだろうことに留意いただきたい。

セカンドハーベスト・ジャパン (2HJ)  CEO: チャールズ・E・マクジルトン氏	**【取組の沿革】** 2000年にチャールズ・E・マクジルトン氏が炊出しのために食材を集める連帯活動を開始。関東を中心として約260の福祉施設や団体に食品を提供するほか、4か所の拠点で直接食品を渡すパントリーピックアップを実施している。その他各地のフードバンクの普及・啓発事業、立ち上げの支援、食品の供給等を行っている。 食品が必要となった世帯が地域ですぐに食べ物を得られるよう、現在、2020年には東京都内だけで1年間で10万人に対して生活を支えるのに十分な食べ物を渡すことを目標とする「東京2020：10万人プロジェクト」を展開中。 **【取り扱う食料】** 2010年度食品取扱量：850トン以上、 2016年度食品取扱量：2,500トン以上 ケンコーマヨネーズ、サントリー、西友、ウォルマート・ジャパン、ダノンジャパン、ニチレイフーズ、日本ケロッグ、日本生活協同組合連合会、モスフードサービス等累計約1,350社から食品の提供を受けている。
フードバンク関西  代表：浅葉めぐみ氏	**【取組の沿革】** 2003年にアメリカ人のブライアン氏が関西にもフードバンクをと活動を開始、同年にコストコが関西支店を開店して食品提供開始。 活動開始数ヶ月後にブライアン氏が仕事で日本を去ることになり、浅葉めぐみ氏らが活動を引き継いで2004年にNPO法人化。 2007年12月から認定NPO法人になり、フードバンク関西への寄付が法人、個人共に所得控除の対象となった。2011年に国会での税法改正案が通過して、寄付が一部条件付きの税控除対象となるようになった。 現在80を超えるNPO法人、社会福祉法人、非営利福祉団体に食品を分配している。新しい挑戦として、地域の緊急食のセーフティネットの役割を担う取り組みを開始。 **【取り扱う食料】** 2010年度食品取扱量：187トン 2015年度食品取扱量：200トン コストコ・ハインツ日本、マックスバリュ西日本等関西地域にある食品関連企業20社から定期的に、他の15社から不定期に食品の提供を受けている。

表 1-1　初年度のヒアリング調査でお話を聞かせていただいた団体の概要 ①[*2]

フードバンク山梨  理事長：米山けい子氏	**【取組の沿革】** 設立者である米山けい子氏はもともとライフワークの中でボランティア活動等を行っており、アフリカへの食料支援等を経て退職を機にフードバンクを2008年10月任意団体として活動開始した。2009年９月NPO法人格を取得、山梨県より委託事業「商店街活性化ビジネス創造事業」を受託し、常勤職員を雇用できるようになった。現在144の施設・団体（山梨県内全域）に食品を提供している。また、行政と連携して生活困窮者に食品を宅配便で送る「食のセーフティネット事業」を行っている。2015年に全国初の「フードバンクこども支援プロジェクト」を開始した。 **【取り扱う食料】** 食品の取扱量は60トン（2010年度）。そのうち６割を2HJから提供されていたが、現在は２HJからの提供はない。地域の計55社から食品の提供を受けている。その他フードドライブ、きずなBOXなどの取り組みで個人からの食品の寄付を受け付けている。 2015年度食品取扱量：129トン
あいあいねっと  代表理事：原田佳子氏	**【取組の沿革】** 設立者である原田佳子氏は管理栄養士で、高齢者の食生活を支援する方法としてフードバンク設立を決意。勤務先の医療法人のCSR（企業の社会的責任）としてフードバンク活動を位置づけることで、原田氏を含む三名の管理栄養士が病院での勤務時間中にフードバンク活動を主体的に行えるようになった。 2007年７月に設立準備委員会を立ち上げ、同年11月に設立総会。 2008年２月特定非営利活動法人認証、３月法人登記完了、５月にフードバンク活動開始。 2009年10月より、食材を団体に提供するだけでなく、安価な食事を地域の人に提供するためにフードバンクの食材を使ったレストランを開設。レストランは地元の人の憩いの場としても活用されており、また公共サービス等では対応しきれない生活支援のため、「まごの手サービス」という住民互助事業も行っている。 **【取り扱う食料】** 現在フードバンク広島の会員となった25団体を超えるNPO法人、社会福祉法人、非営利福祉団体に食品を分配している。 2015年度食品取扱量：20トン

表 1-1　初年度のヒアリング調査でお話を聞かせていただいた団体の概要②[*2]

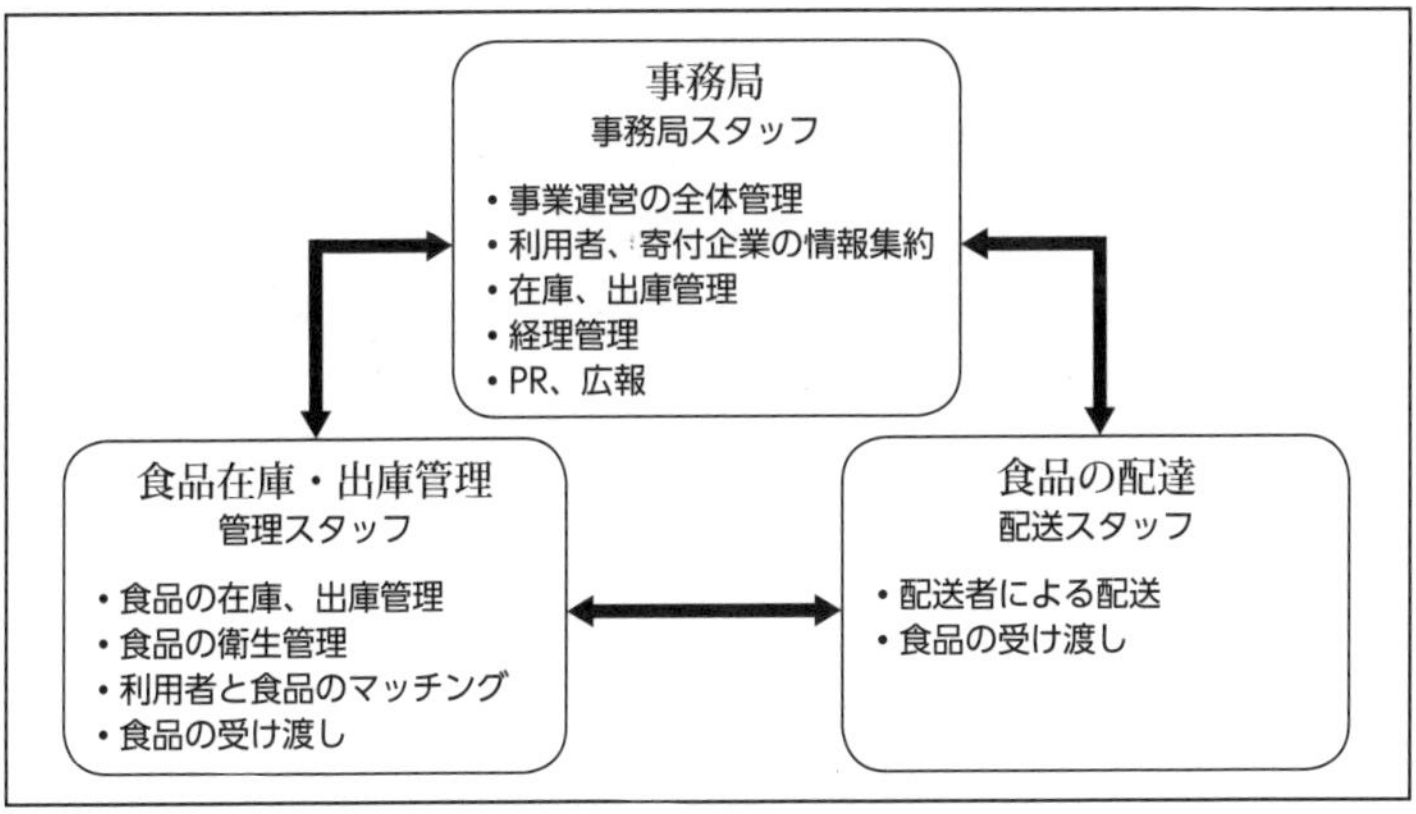

出所：（株）廃棄物工学研究所「農林水産省農山漁村６次産業化対策に係る食品環境対策支援事業平成23年度フードバンク活動推進事業実施報告書」2012

図 1-1　フードバンクの運営に必要な作業

＊2　（株）廃棄物工学研究所『農林水産省農山漁村６次産業化対策に係る食品環境対策支援事業平成二三年度フードバンク活動推進事業実施報告書』二〇一二に加筆。

三．どうやって運営しているの？

そもそもフードバンクを運営するために、どのような作業が必要だろうか？　５Ｗ１ＨのＷｈｅｒｅ（どこで）Ｈｏｗ（どうやって）の部分を、ヒアリング等を通じて整理したのが図１－１である。①事務局、②在庫・出庫管理、③食品の配送で、それぞれ必要な作業がある。

また、事務局スタッフと在庫・出庫管理の作業が重複する部分もある。こうした作業を継続的に行うためには、資源が必要だ。端的にいえば人とお金がいる。

事務局に常駐のスタッフを置くかどうかは、資金

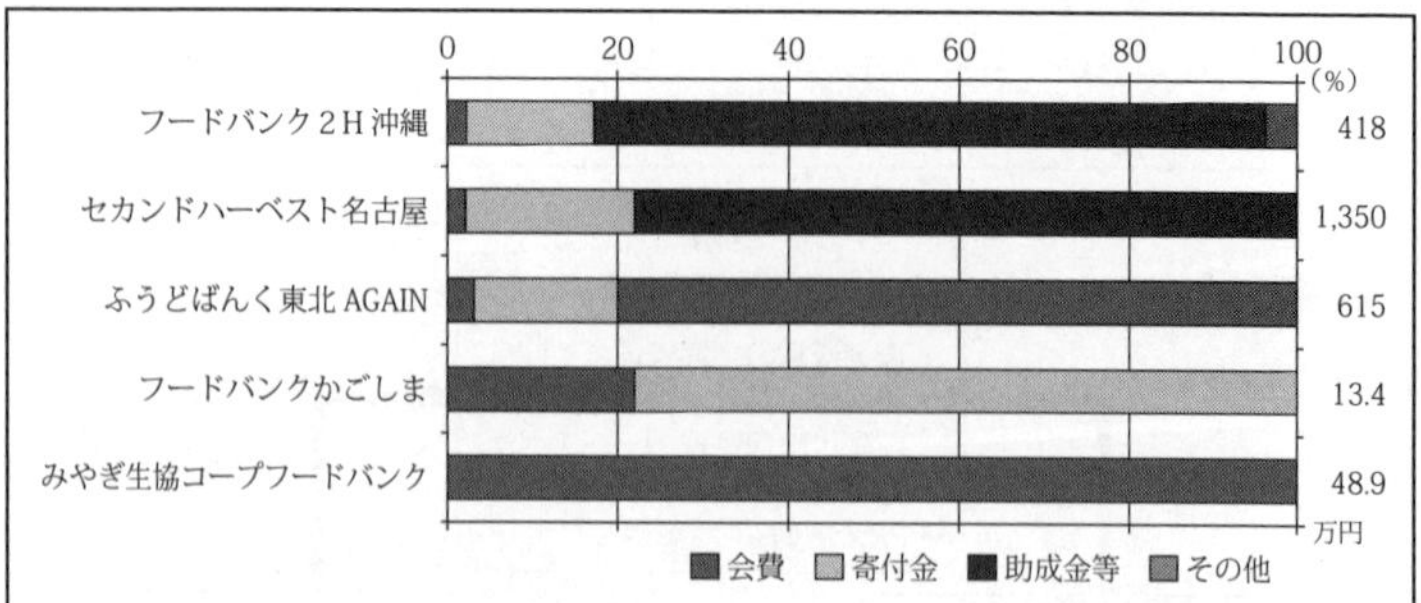

出所：（株）廃棄物工学研究所「農林水産省農山漁村6次産業化対策に係る食品環境対策支援事業 平成24年度フードバンク活動推進事業実施報告書」2013

グラフ1-1　フードバンクの収入源の内訳（2011年度データ）

源に乏しいフードバンクには大きな選択だ。常駐のスタッフがいれば、関係者はいつでもフードバンクと連絡がとれ、活発に活動でき、ひいてはフードバンクへの信頼性も高くなる。しかし、常駐スタッフを雇うにはお金がいる。お金も払わずに毎日来てくれというのでは、ブラック企業ならぬブラックＮＰＯになってしまう。では、お金はどうするのか。

　フードバンクは、寄付された食品を、それを必要とする団体や人に基本的に無償で受け渡す活動である。タダでもらって、タダで渡すので、バンクと名がついているがお金は集まらない。フードバンクは営利活動ではないので、多くの場合、その収入は会費、寄付、助成金などからなる。平成二四年度の農水省の補助金を使ってフードバンクの収入源の内訳を調べたものをグラフ１‐１に示す。平成二三（二〇一一）年当時で予算規模は一〇万円台から一千万円と幅があり、その内訳も様々だ。会費は、団体の趣旨に賛同する人に会員になってもらい、その人たちが毎年払ってくれるものなので、比較的安定した収入といえる。グラフは、五団体を調べ、会費の割合の少ない順に上から並べてある。全体の予算が大きければ、会費の割合は少ない傾向にある。一番下の「みやぎ生協コープフードバンク」は収入が会費一〇〇%となっているが、これは事務局をみやぎ生協本体が運営していて、人件費や輸送費はみやぎ生協持ちだからだ。比較的恵まれた、レアなケースである。寄付は会の活動を応援したい人が振り込んでくれるものだが、去年寄付してくれた人が今年も寄付してくれるとは限らないので、会費よりも流動的な予算といえる。予算規模が比較的大きなところは、助成金等の割合が大きい傾向にある。助成金は、公的なものや民間のものも様々あるが、単年度や三年、長くて五年程度と期間が決まっている。期間が終わればまた新たに次の助成金に申請しなければいけないし、もし採択されなければスタッフを減らすなど、事業を縮小せざるを得なくなる。事業を拡大したければ助成金にチャレンジすることが必要だが、事業の継続性は助成金がとれるかどうかに左右されることになる。そうした試行錯誤を経て、それぞれの団体が苦労して資金を集め、運営している。

四．「フードバンク岡山」の立ち上げとその形

フードバンクを立ち上げるに当たり、一番心配だったのが先に述べた運営資金である。お金が集まらなくても続く仕組み、岡山に合っている仕組みは何かについて、ワークショップや勉強会を通

じて、いろいろ話し合った。その結果、常駐のスタッフを置かず、既存の団体や個人が助けあう形でやってみよう、ということになった。事業運営の全体管理は定期的に開く事務局会議のメンバーで行い、利用団体をつないだりPRを行ったりするのは主に糸山さん、寄付企業との折衝は三田さん、経理は大谷さん、食品の配送や緊急対応等は食品を利用する団体の代表である山本さんや豊田さん、土井さん、労務関係のアドバイスは影山さん、データ入力に係る管理は安部さん、全体収支の管理は糸山嘉彦（糸山さんのパートナー）さん、監査は弁護士の井上先生、ニュースレターやデータ分析は私、といった具合だ。これに加えて、津山拠点の角野さん、笠岡拠点の宇野さんがそれぞれの地域でフードバンク活動を行っている。それが実現できたのは、代表となってくれた糸山さんのおかげである。糸山さんは不思議な人で、これという人を見つけてくる才能がすごい。それから、人を活動に巻き込む力がすごい。その巻き込み力については糸山さんの章に譲ろうと思う。

もう一つ、複数の人たちが離れればなれで活動するのに必須だったのが、Ｗｅｂサービスだった。「フードバンク岡山」では、フェイスブックのグループページを利用して事務局のメンバーや拠点のメンバーとやりとりをしている。それから、事務局の運営に係る書類はドロップボックスで共有している。こうしたＷｅｂサービスがなければ、「フードバンク岡山」の運営はもっとお金がかかるものになっていただろう。便利な世の中になったと思うと共に、働き方、助け合い方も、今後ずいぶん変わっていくのだろうという予感がある。

しかし、その一方で、ときどきでも仲間で集まることの重要性も感じている。私は一年間、産休・育休で岡山を離れていた時期があって、そのときはスカイプを使って会議に参加しようとしたのだが、なんだかしっくりこない。言いたいことをうまく伝えられない、かえって皆の邪魔になっているようなもどかしさがあって、結局会議には出なくなった。実際に会議の場で、顔と顔を合わせて話すということが、言外にどれだけの情報量を伝えられるかということを思い知った一年でもあった。今は、二ヶ月に一回の事務局会議に娘を連れて参加している。夜七時からの会議なので仕事を終えて保育園に娘を迎えに行き、家でお弁当を作ってから参加する。じっとしてくれない三歳児にごはんを食べさせたり絵本を読ませたりしながらなのだが、他の皆さんがあたたかい目で接してくれるので、本当にありがたい。そういう面でも、「フードバンク岡山」は多様性の高い集団であり、それが自慢の一つと言って良いと思う。

第二章　食品ロスの実態

フードバンクの立ち上げの際、運営資金と同じくらい心配だったのが、実際に食品は集まってくるか、ということだった。事前に行った需要と供給に係るアンケート調査では、フードバンクの食品を欲しいという団体は多数確認できたものの、県内の食品関連事業者からは、色よい返事をほとんどいただけなかったからだ。しかし、「あいあいねっと」の原田さんは、「フードバンクを作れば、食品はちゃんと集まりますよ」と、シンポジウムや勉強会でお会いするたびに背中を押してくださった。しかして、実際に立ち上げてみると、地域に眠っていた食品資源達が集まってきたのである。その経過は糸山さんの章にわかりやすく書いてあるので、私は現時点での「フードバンク岡山」の食品が、どのくらい、どこから来ているのかについてご報告したい。

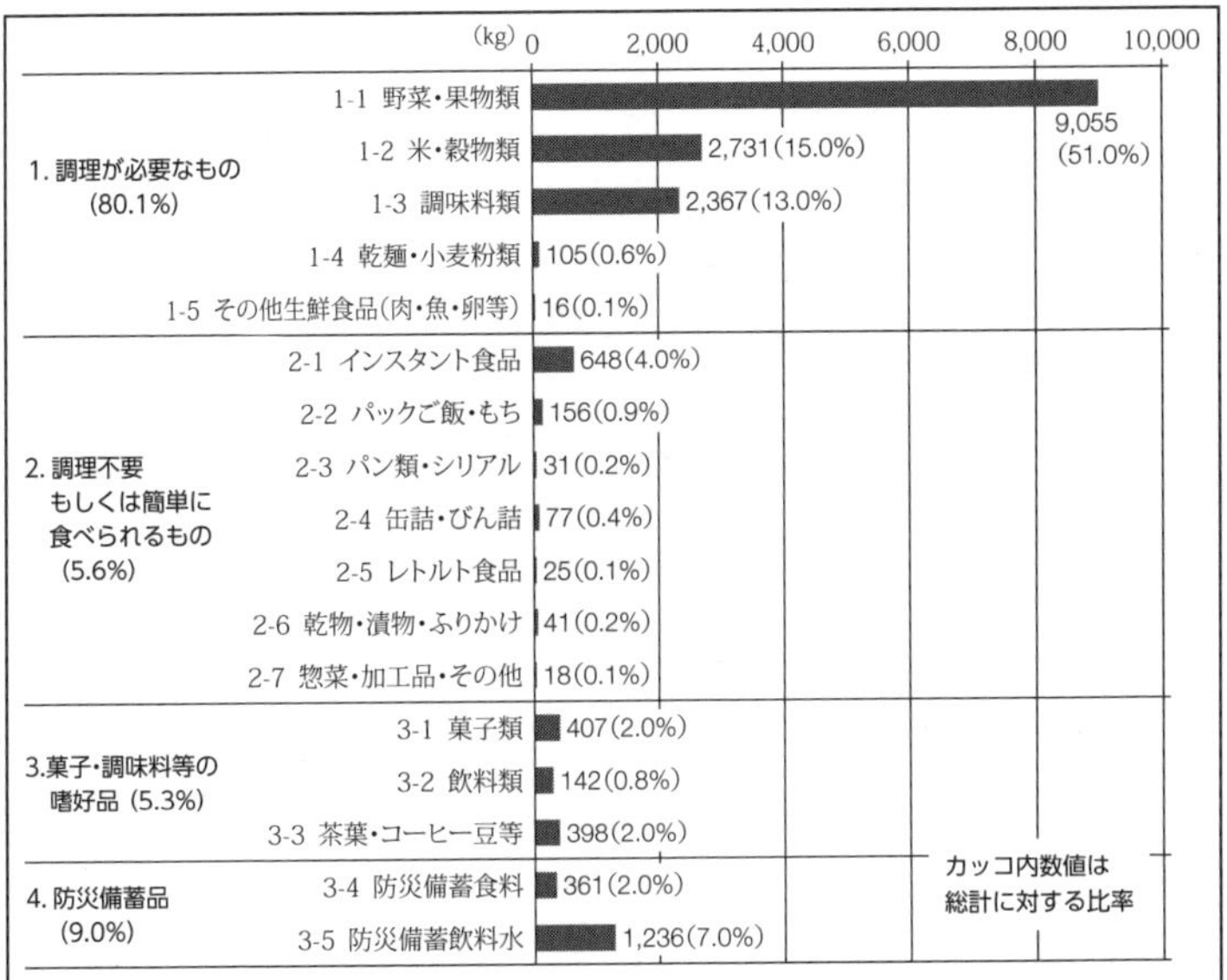

出所：石坂薫、田中勝、大畑ゆき、福池伊織、三田善雄
「フードバンクに寄付される食品の解析～どこから来てどこで活用されるのか～」＊1

グラフ 2-1　食品種類別の寄付量

一．「フードバンク岡山」の食品は どこから来ているのか

「フードバンク岡山」での食品の取扱量は、二〇一六年度で約一七トンとなっている。その食品たちが、どこから来て、どこで活用されているのか、二〇一六年四月一日～二〇一七年三月三一日の期間の「フードバンク岡山」取り扱い食品データ（データ数三，六六四点）を分析した。

食品データは、一．調理が必要なもの（野菜、米、調味料等五種）、二．調理不要・加熱等で簡単に食べられるもの（インスタント食品、缶詰、レトルト食品等七種）、三．菓子や飲料等の嗜好品（三種）、四．防災備蓄品（二種）に分類し、集計を行った。

結果がグラフ2―1である。

フードバンクというと、缶詰等の日持ちがするものばかりを扱っているのではと思われている人も多いと思う。しかし、「フードバンク岡山」では、寄付食品のうち量が最も多いのが野菜・果物類で、全体の五一%を占めている。次いで米・穀物類（一五%）、調味料類（一三%）の順に多く、これら上位三種で全体の八割近くを占めていた。インスタント食品や缶詰など、調理不要・もしくは簡単に食べられるものは約六%、防災備蓄品の九%をあわせても約一五%程度である。菓子・飲料等の嗜好品は、合わせて五%程度だった。

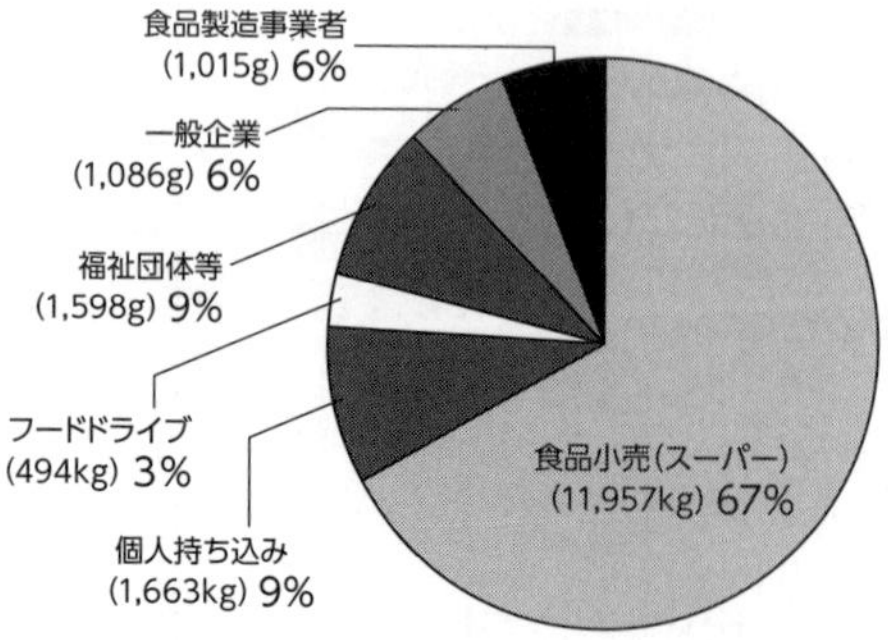

出所：石坂薫、田中勝、大畑ゆき、福池伊織、三田善雄
「フードバンクに寄付される食品の解析～どこから来てどこで活用されるのか～」[*1]

グラフ 2-2　食品の寄付元の構成

食品の寄付元の構成をグラフ2―2に示す。食品小売（スーパー）が最も多く六七%、次いで市民（一二%：個人持ち込み九%＋フードドライブ[*2]三%）福祉団体等（九%）、一般企業（六%）、食品製造事業者（六%）という構成である。つまり、食品製造事業者からの寄付は、構成種別では最も少ない。

もう少し詳しく、食品寄付元ごとに、それぞれどのよう

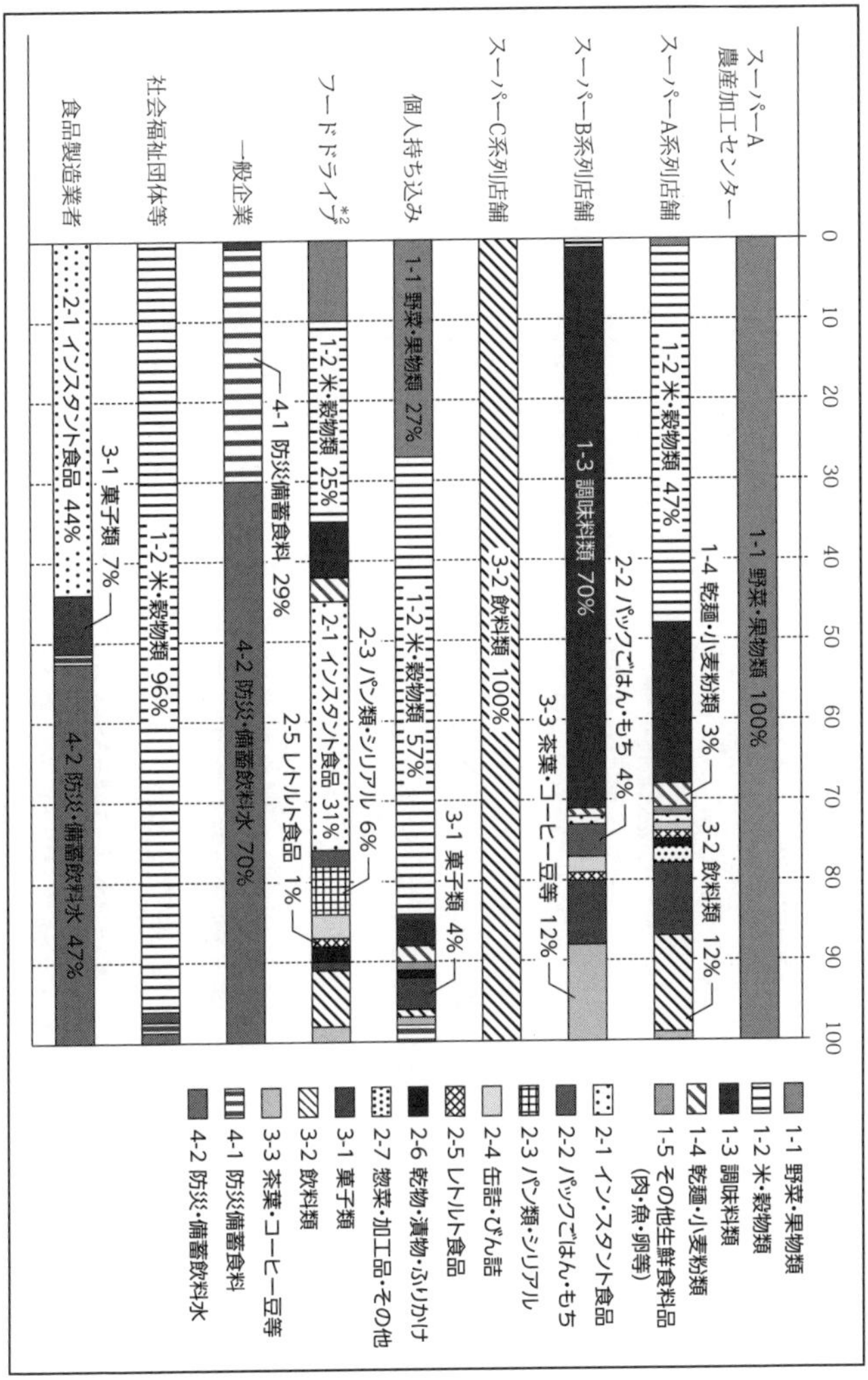

出所：石坂薫、田中勝、大畑ゆき、福池伊織、三田善雄
「フードバンクに寄付される食品の解析～どこから来てどこで活用されるのか～」＊1

グラフ 2-3　寄付元別の寄付食品の割合

な食品を寄付いただいているかの構成割合をグラフ2－3に示す。食品小売の場合スーパーA社、B社、C社からの寄付を受けており、スーパーA社からは、農産加工センターの規格外品の野菜・果物（年間八・五トン）と、系列店舗における販売期限切れ食品をいただいている。他のスーパーB、Cは店舗からのみ寄付をいただいている。スーパーの系列によって店舗からいただく食品にも特徴があり、スーパーAは米と調味料類が、スーパーBは調味料類が多く、スーパーCは一〇〇％飲料類の寄付である。

市民からの寄付は、個人持ち込みの場合は個人農家の寄与が大きく、そのため野菜・果物と米の割合が大きかった。一方、大学、公民館、社会福祉協議会等で開催されたフードドライブによる寄付は、インスタント食品をはじめ、米、野菜・果物類、飲料類、調味料類、パン類・シリアルなど、多様な食品で構成されている。

一般企業からの寄付は防災備蓄品がほとんどで、東日本大震災後に備蓄が開始されたものの切り替え品が多い。寄付企業は電力会社、ＩＴ企業、医療関係企業等である。

地元の福祉団体等からの寄付は米の割合が高く、食品製造事業者からは、外袋に異物混入の疑いがあり回収されたインスタント食品（中身には問題なし）や企画品の菓子、そして防災備蓄飲料が寄付されていた。

集計の結果、「フードバンク岡山」に寄付されている食品について以下の点や課題が明らかとなった。

① 寄付食品のうち調理の必要なものが八〇％を占める：その多くが野菜・果物類で、次いで米、調味料類など。支援団体の炊き出しや食事の材料として活用され、健康的な食事の提供に役立っている。一方で、調理不要の食品が相対的に少なく、生活困窮者への緊急支援用の食品は十分な量が確保できているとは言えない状況にある。困窮に陥っている方は、ガス・電気等が料金未払いで止められてしまっている人なども多い。家庭で親が調理をして与えるということをしてこず、調理のスキル自体がないという方もいる。そういう方の支援には、簡単に食べられ、支援の窓口に来たときにすぐ渡せるよう、備蓄できるものがいい。その点、防災備蓄品は最適であるのだが、その量はまだ少なく、②のような課題もある。

② 一般企業からの防災備蓄品は東日本大震災後に備蓄されたものの切り替え品：次の切り替え時期までに間があくと思われ、緊急支援用食品として有用な防災備蓄品の確保のため、従前より備蓄している自治体等との連携が望まれる。

③ 寄付元は食品小売（スーパー）が全体の約六七％を占め、食品の構成はスーパーの系列によって大きく異なる：スーパー店舗からの寄付の場合、「賞味期限が一ヶ月以上残っているもの」という寄付基準がある。一方、各スーパーでは販売期限の内規がそれぞれある。例えば、お菓子の場合ス

ーパーでは、賞味期限が残り三〇日になると棚からひき上げることになっていて、ひき上げた翌日にはフードバンクの寄付基準からはずれてしまう。回収のタイミングが寄付食品の構成に影響を与えていると考えられ、基準の緩和や回収時期・頻度の見直しにより回収量の増加が見込まれる。

④ フードドライブ[*2]による寄付食品はインスタント食品をはじめとした多様な食品で構成されている：生活困窮者への緊急支援用食品に使いやすい、長期保存可能かつすぐ食べられるものが多く、今後さらなるフードドライブへの参加団体の増加が望まれる。

⑤ 食品製造事業者からの寄付は全体の六％と少ない：平成二四年度の農水省の調査では、食品産業全体の食品ロスに相当する可食部の量は三三一万トンで、製造業、卸売業、小売業、外食産業のうちもっとも多くの割合を占めるのが食品製造業の一四一万トンとなっている。PR不足、食品製造事業者の食品管理の厳しさ、常温・長期管理が可能なものという寄付条件等が障壁になっているものと思われるが、今後より多くの地域の食品製造事業者との連携が望まれる。

このように、フードバンクの食品を利用形態別・寄付元別に集計することにはいくつかのメリットがある。フードバンク側にとっては、不足している食品の種類や、食品量を増やすための手立てなど、課題や対策が明確になり、活動方針が立てやすくなる。食品を寄付する側にとっては、フードバンクでどのような食品が利用され、求められているかを知ることができ、協力がしやすくなる。

現在、フードバンクの食品の情報管理手法には統一的なものはなく、各団体が任意の形式でバラバラに行っている状態だ。もし、統一の情報管理システムが使えるようになれば、それが難しければせめて食品分類だけでも共通のものを使えば、各地のフードバンク活動がより見えやすく、わかりやすくなり、助け合いの輪が広がるだろう。

＊1　第二八回廃棄物資源循環学会研究発表会要旨集　p.117-118
＊2　家庭で余っている食材を学校、地域等で持ち寄りフードバンクに寄付する活動。

二．もっと活かせる農作物のロス

食品ロスとは、まだ食べられるのに、捨てられてしまう食品のことだ。農林水産省の平成二六（二〇一四）年の推計では、食品由来の廃棄物等が二，七七五万トン、そのうち可食部分と考えられる量（食品ロス）が六二一万トンとされている。その内訳は、食品関連事業者の規格外品・返品・売れ残り・食べ残しなどが三三九万トン、家庭から出る食べ残し、過剰除去（皮を厚くむきすぎる等）、直接廃棄などが二八二万トンとされている。実は、まだ食べられるのに捨てられてしまう食品で、この統計に含まれていないものがある。市場に出荷されなかった農作物だ。ここでは、フードバンクの活動を通じて、「もっと活かせるのではないか」、素直に書けば「もっともらえるのではないか」と思う農作物のロスについて書いておこうと思う。

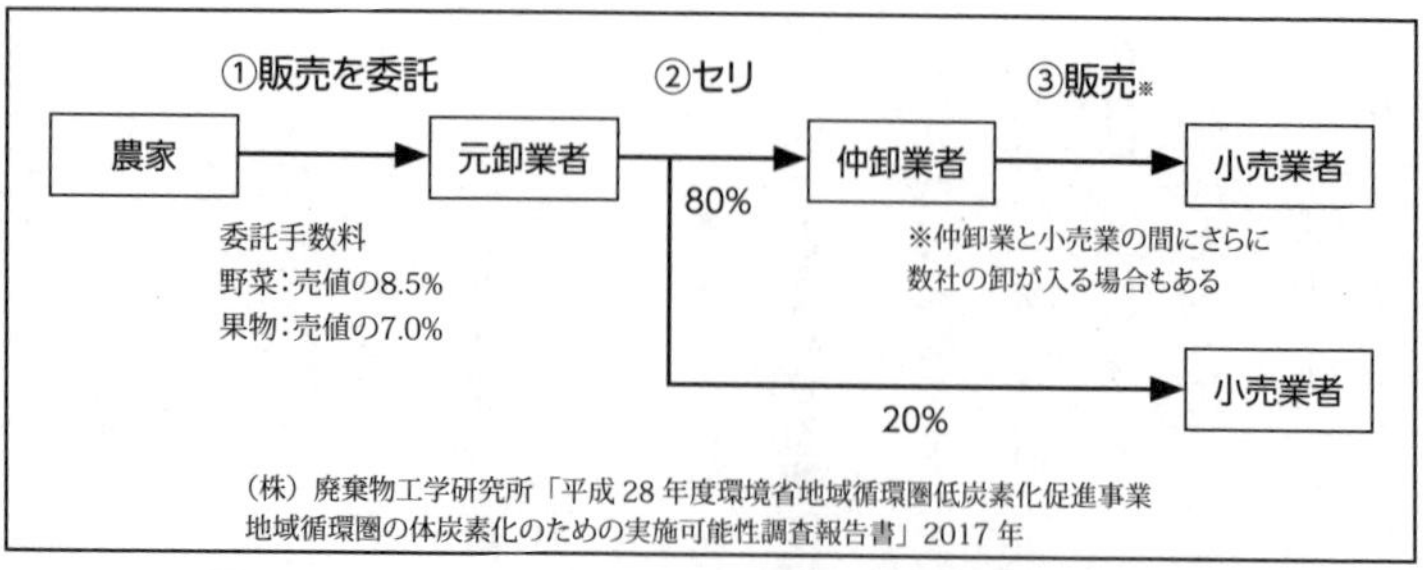

図 2-1　野菜・果物の市場流通の模式図（図中数値は岡山市場の場合）

一、市場流通に係わる農作物のロス

先にも書いたとおり、「フードバンク岡山」の食品取扱量のうち、五一％が野菜・果物類である。野菜・果物類が私たちの食卓に上るまでにたどる経路を図２－１に示す。まず、農家から市場の元卸業者に販売が委託される。市場に出荷＝元卸業者への販売委託ということだ。市場に出荷された農産物は、元卸業者が行うセリにより、仲卸業者や小売業者に一〇〇％売り切られる。野菜の生産量が直接市場価格に反映されるよう、元卸業者は持ち込まれた野菜を断らないこと、全量売り切ることが法律で定められているからだ。

岡山市場の場合、流通量の八〇％は仲卸業に、二〇％は仲卸の資格をもつ小売業者に競り落とされる。ただし、後者は小規模な八百屋等であり、近年減少しつつあるそうだ。仲卸業者からは小売業者に販売され、最終的に私たちが八百屋やスーパーで野菜・果物を手にすることになる。さて、この流れのなかでは、どこで食品ロスが生まれるだろうか。

　実は、図に示した部分ではロスはほとんど出ない。市場に出荷される時点で、野菜・果物の多くは、流通に耐える状態で収穫され、箱詰めされた規格製品ともいえる状態だからだ。その先の小売業者による消費者への販売の時点で、多少のロスが出る。市場で箱単位で仕入れた農作物を店頭に並べるために袋詰めするとき、表面の傷や熟しすぎなどの理由ではじかれるものがある。「フードバンク岡山」に「おかやまコープ」から年間約九トン寄付いただいているのが、この部分である。店頭で売れ残ったものは見切り品として安価で販売し、それでも売れない物は廃棄されるが、全体からみれば微々たる量であるし、既に鮮度が落ちている物なので、フードバンクでの取扱にはなじまない。

二、生産現場での農作物のロス

　先ほど多少のロスと書いたが、それとは比較にならない量のロスが生まれているのが市場出荷前の段階、つまり農業の生産現場である。十分食べられるのに、市場に出荷されることなく、畑で朽ちていく作物が沢山ある。これは岡山市場の元卸業者の方に伺った話だが、市場では農作物そのものではなく産地・生産者名等の「情報」で値が決まる。大量の農産物を捌くため、一つ一つ箱

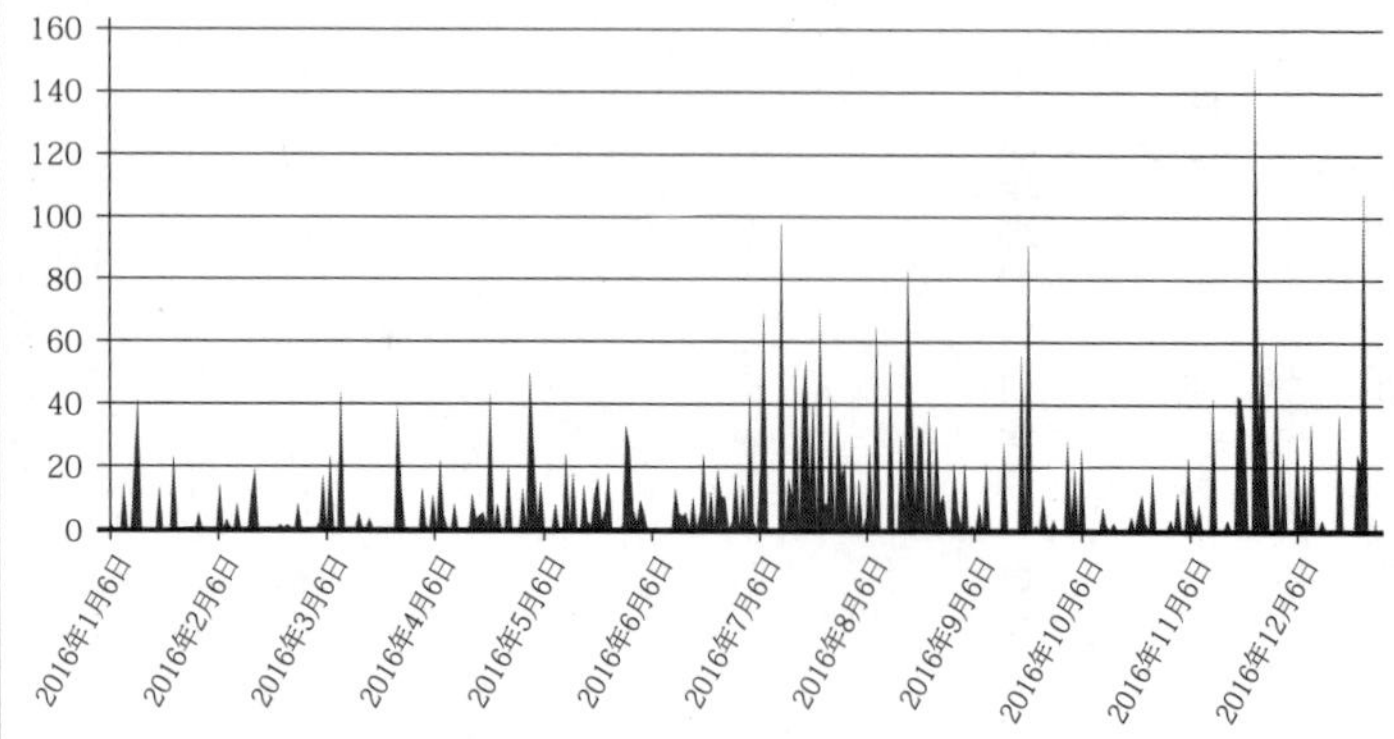

出所：JA はなやか東店からの提供データを元に筆者作成

グラフ2-4　野菜直売所JAはなやか東店における野菜・果物類の廃棄点数

を開けて中身を確かめつつセリにかけるわけではないからだ。よって出荷をする側の農家やＪＡは、市場での信用を積み重ねるため良い値のつくもの＝形の良い規格品を厳選して出荷することになる。また、運送費や手間がペイしないものについては出荷できない。そうした事情により、大きすぎる、小さすぎる、形が悪い、豊作すぎて値が下がっているなどの理由で、農作物が出荷されることなく捨てられることになる。しかも、前述のように、その量は農林水産省の食品ロス推計量には含まれていない。あの数字はあくまでも農産物が市場に仕向けられたあとの、食品製造・卸・小売り・外食産業や家庭からの排出量を推計したものなのだ。「フードバンク岡山」では、個人の農家の方から、市場に出荷しなかった農作物をいただいている。小ぶりのジャガイモやみかん、大きく育ちすぎてしまった大根、収穫のピークを過ぎた葉物野菜などなど、あたりまえだが、市場で求められている大きさでないだけで、十分新鮮な、おいしい野菜・果物たちである。自分の家の近くのスーパーで売っていたら、買うのになあといつも思う。

市場を通じた流通だけではなく、農家による直売所でも、ロスは出る。岡山県内の野菜直売所JAはなやか東店のケースでは、各農家が野菜を持ち込んだあと、葉物野菜は一日、果物は三日、土物（かぼちゃ含む）は五日の販売期間後、バックヤードに引き上げ、基本的に出荷農家が持ち帰ることになっている。しかし、持ちかえらないものについては、店側のごみ箱に廃棄し、契約の廃棄物処理業者が持っていく。グラフ2-4は、店側が記録している野菜・くだもの類の廃棄点数をグラフ化したものである。見やすさのために、グラフではまとめて集計しているが、夏の時期には果菜類（トマト等）が最大で一日に八〇点近く、冬の時期には葉茎菜類（小松菜等の葉物やブロッコリー等）が一四〇点近くの廃棄がでている。実際には農家が持ち帰る分もあるので、この数倍が廃棄されていることになる。「フードバンク岡山」では、JAはなやか東店の運営委員会のご協力を得て、この余剰分を寄付いただく試みを二〇一七年七月から開始している。農家の皆さんも、丹精した野菜を困っている人たちに食べて欲しいと非常に積極的に取り組んでくださっている。この取組がうまくいけば、系列の他の直売所にも食品ロス活用の輪を広げられるかも知れない。

生活困窮者にとって、野菜・果物は高価であり、食費を抑えるために真っ先に削られがちなものである。「フードバンク岡山」が食品を提供している子どもの支援施設でも、かなり一般的な果物を「初めて食べた」という子がいたと聞いている。一方で、生産の現場では、農家の皆さんが手塩にかけた美味しい野菜や果物が食べられることなく廃棄されている。フードバンクにご寄付いただければ、そうした新鮮で、美味しい野菜を、生活困窮者の健康的な食事や、子どもたちの食育に役立てることができる。一方、必要とする団体にどう届けるかという点で、運搬ボランティアの募集やそのコーディネートの手立てが検討課題であり、多くの皆さんの協力をあおぎたい部分である。

第三章　フードバンクと環境問題

一．フードバンクが社会に与える効用

さて、食品がフードバンクで活かされることで、どのような効用が社会に与えられるだろうか？図３－１は、その主な効用をまとめたものである。まず、社会福祉の効果は前述した通りである。フードバンクの食品によって、公的なセーフティネットの隙間を埋め、既存の困窮者支援活動の質を高めることができる。次に、経済。食品ロスの削減によって、廃棄物処理コストが削減されたり、社会福祉に係る出費が削減されたりするなど、コスト削減効果が期待できる。教育の効果も大きい。フードバンクのことを学べば、いままでどんな食品が私たちに見えない形で廃棄されてきたか、食品ロスの要因や、それにつながる私たちの社会の問題などを考えるきっかけとなる。そし

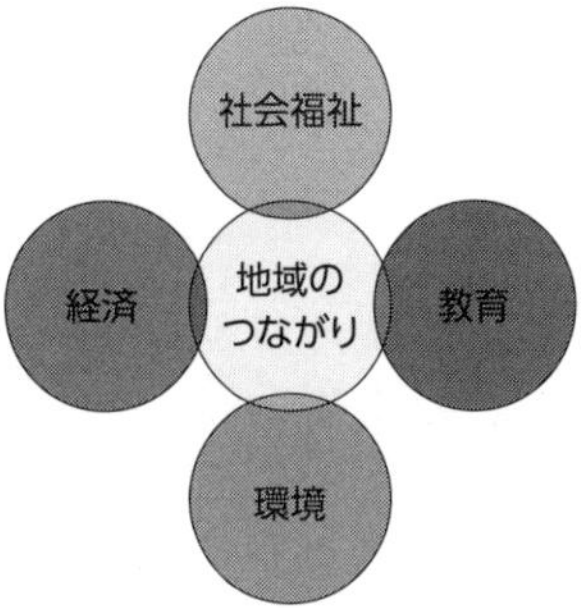

図 3-1
フードバンクが社会に与える主な効用

て、フードバンクの食品は、今までつながりのなかった地域の様々な主体をつなげることができる。食品を寄付する個人や企業、それを受け取る生活困窮者支援団体、それを食べる人などが、食品を通じてスムーズに助け合うことができるのだ。残る環境面の効果について、この章で少し詳しくお話してみたい。

二．食品製造にかかる資源・エネルギー

私たちが普段何気なく食べている食品を作るためには、多くの資源・エネルギーが使われている。その結果、地球温暖化の原因物質である二酸化炭素も排出される。グラフ3－1に「フードバンク岡山」の二〇一六年度の食品寄付量と、その食品製造に係る二酸化炭素排出量の推計値を示す。食品を製造するためには、その食品重量の数分の一から、多い場合で数倍の二酸化炭素が排出されている。グラフ3－1の試算では、寄付された食品の総重量一七．八トンに対し、その製造に係る二酸化炭素排出量は二〇．六トンという結果となった。これを原油に換算すると七，九〇〇リットル相当である。これだけのエネルギーを使い、環境に負荷をかけて作られた食品が、今まで人の口に入らず無駄になっていたということになる。

日本は多くの食料を海外から輸入しており、原油等の化石燃料だけではなく、海外の農地や水

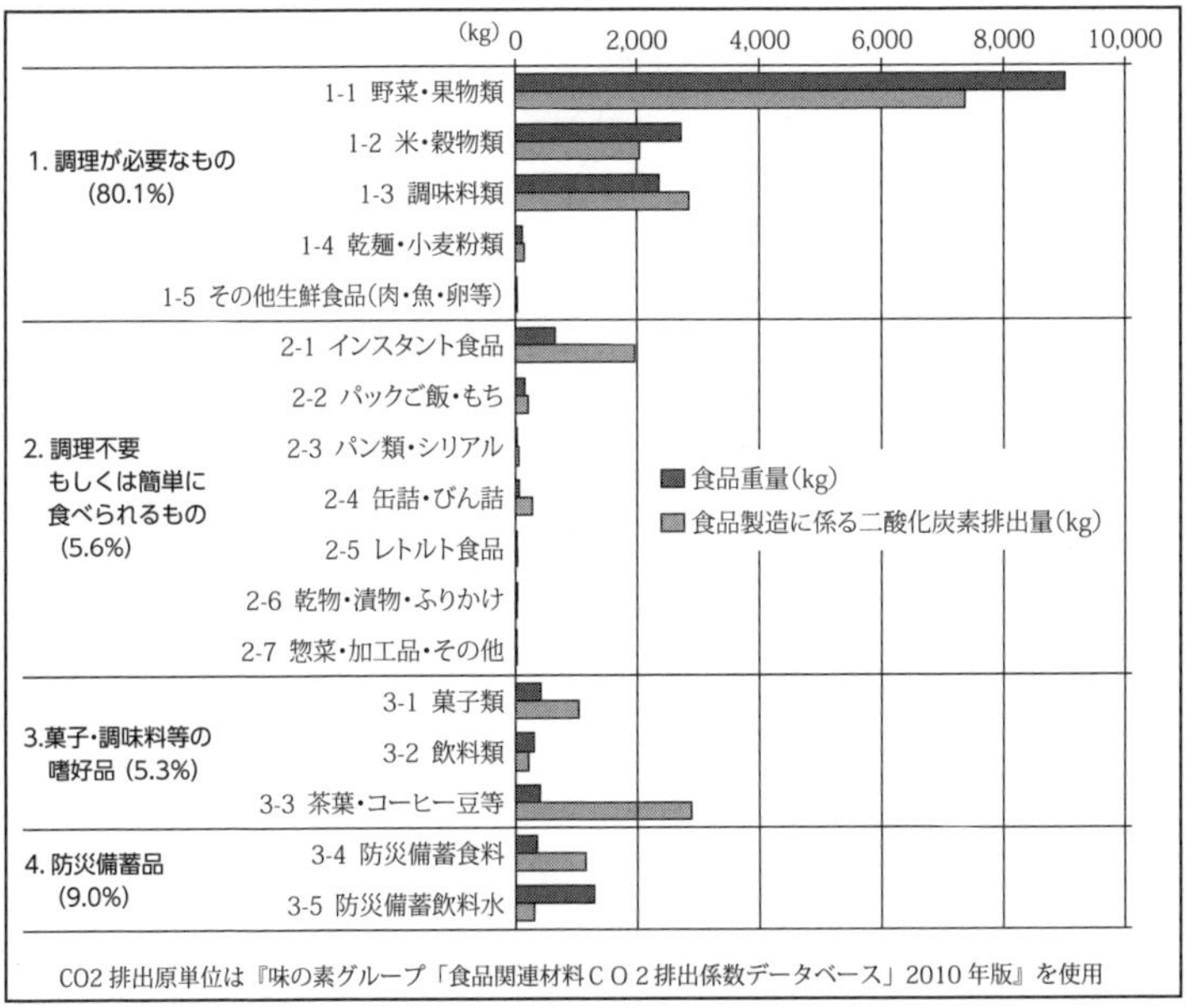

グラフ3-1　フードバンク岡山の2016年度食品寄付量と、その製造に係る二酸化炭素排出量の推計値

もお金と引き換えに使っている状況にある。日本は少子化が問題となっているが、地球全体ではこれからも人口が増え続け、地球温暖化による気候変動と共に、食料事情はよりシビアになっていく。私たちの社会の持続可能性という視点でも、フードバンクは重要な役割があると言っていいだろう。

もう一つ、環境問題という視点では、トレードオフ（Trade-off）を気にしなくて良いというのがフードバンク活動の大きな特徴である。トレードオフとは、あちらを立てればこちらが立たずという状態・関係のことである。環境問題は、たいていこのトレードオフの問題を抱えている。例えば、ある汚染物質を減らそうとすれば、その対策のための資源・エネルギーが必要となり、

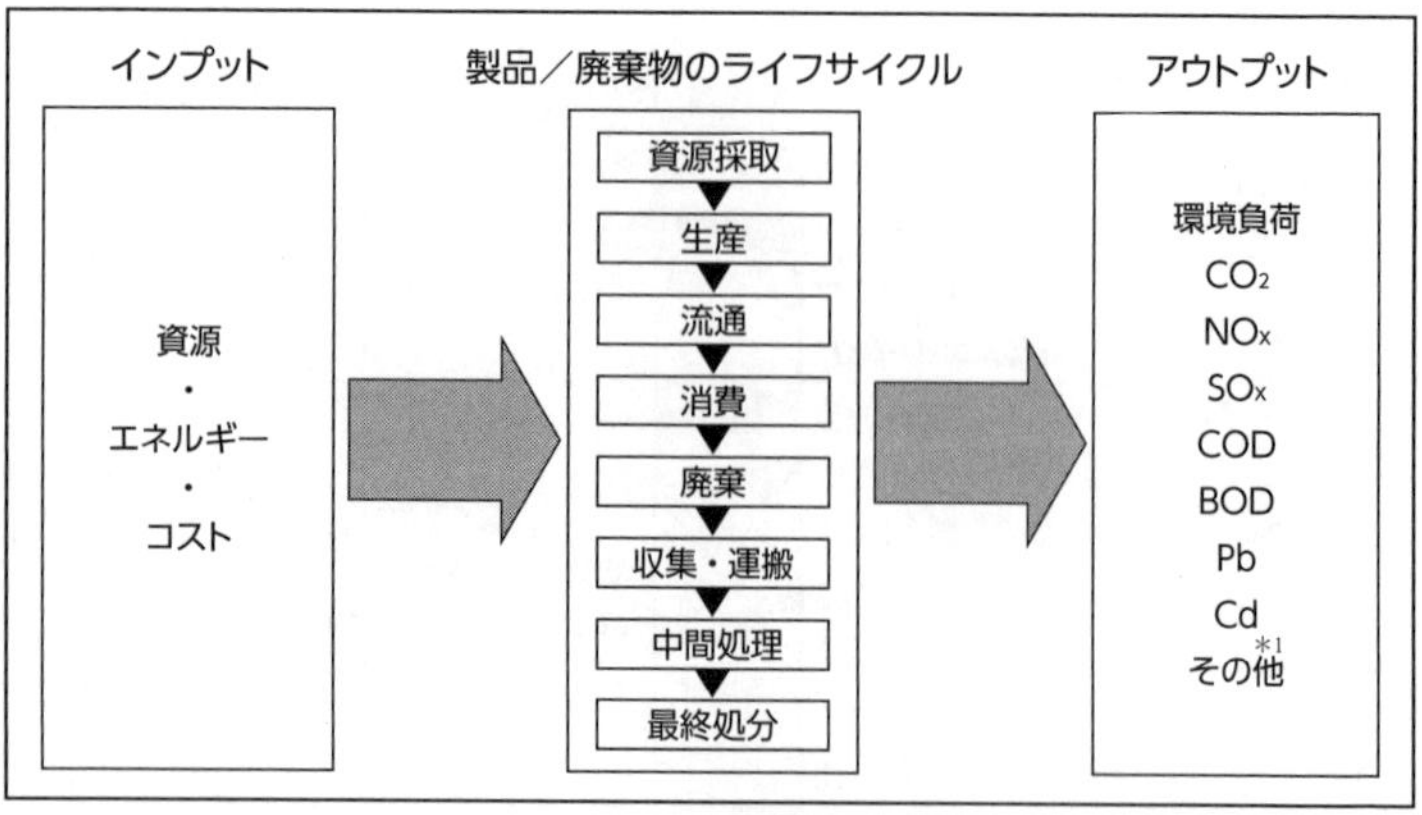

図 3-2　LCA の評価の枠組み

地域の環境リスクは減っても、地球温暖化のリスクが高まってしまう。廃棄物のリサイクルも同様で、輸送や再生利用にかかるエネルギーを考えると、リサイクルをした方が二酸化炭素排出量が多くなってしまうというケースがあるので注意しなければならない。しかし、フードバンクに食品を寄付するという行為は、よほどの長距離輸送が必要でないかぎり、環境負荷を増やす要因にはならない。そして寄付をする個人や企業もせっかくの食品を無駄にせずに済み、受け取る側もうれしい。地域で出た食品を地域のフードバンクに寄付するという行為は、誰も損をしない、どんどんやるべき環境活動なのだ。

三．フードバンク活動で二酸化炭素排出量は減るか？

環境系のコンサルに勤めながらフードバンクをしているという立場のため、たまに「実際問題、フードバンク活動でどのくらい二酸化炭素排出量を減らせるの？」と聞かれることがある。

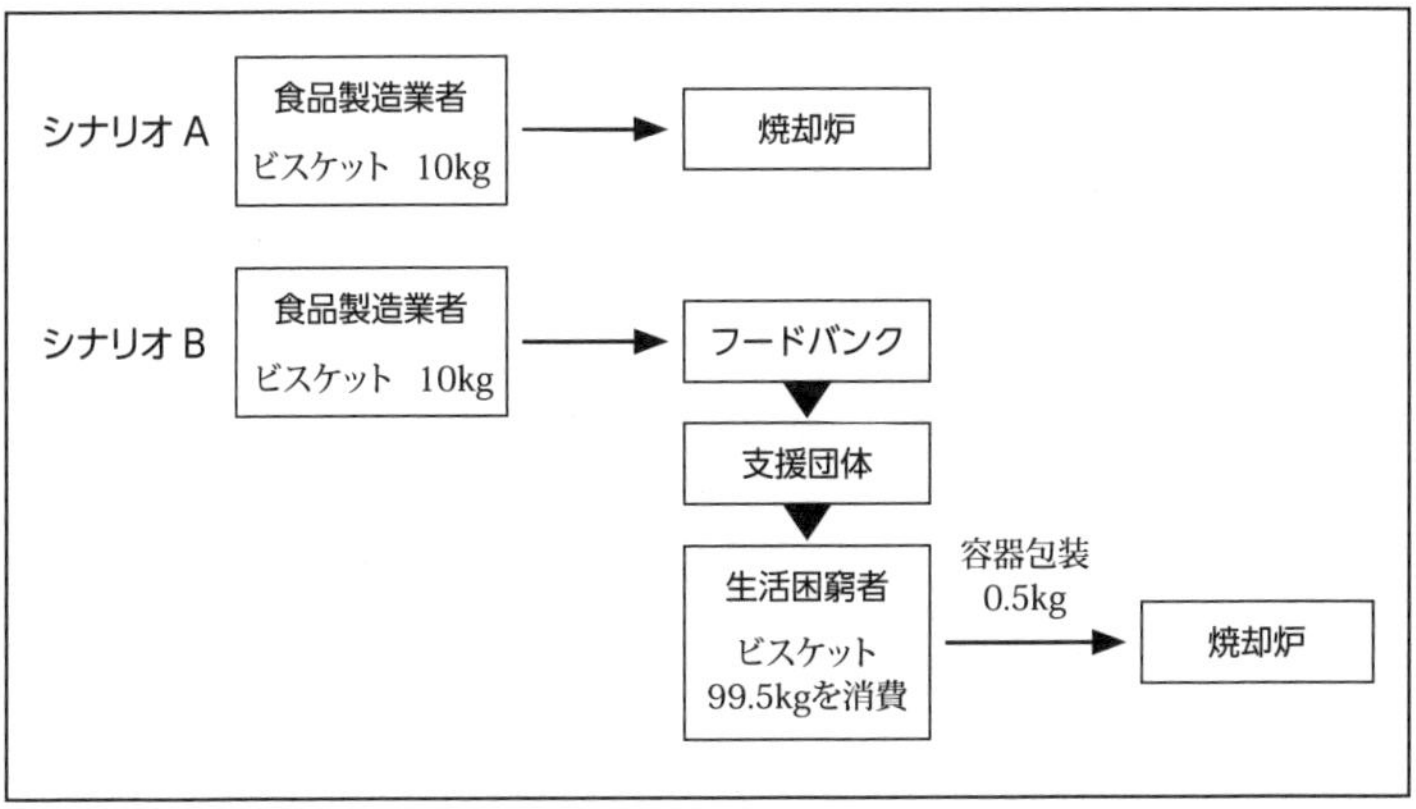

図 3-3　フードバンクへの食品寄付による二酸化炭素排出量削減効果の評価範囲例

実は、これは結構ややこしい問いである。

一般に、二酸化炭素の削減量は、ＬＣＡ（Life Cycle Assessment）という手法で計算する。ＬＣＡでは、図３－２に示すように資源採取から、生産、流通、消費、廃棄とその後の処理・処分という製品のライフサイクルを通じて、どのくらいの資源・エネルギーが投入され（インプット）、その結果、どのくらいの二酸化炭素等の環境負荷物質が排出されるか（アウトプット）を評価する。ＬＣＡで一番気をつけければいけないのは、評価範囲をどうするか、評価する機能をどう定義するかということである。その違いによって、結果も全く違ってくるからだ。

例えば、食品製造事業者からビスケット製品一〇キロがフードバンクに寄付された場合の環境負荷削減効果を評価するとする。ビスケットが廃棄され、そのまま焼却炉で燃やされるのをシナリオA、フードバンクに寄付され、ビスケットを人が食べ、容器包装は焼却される場合をシナリオBとする。（図３－３）

ここで評価範囲を、「廃棄物処理量の削減」に加えて、「人を食べさせる機能の増減」にまで拡大とした場合は、シナリオBで人を食べさせる機能が増加した分、仮想的にシナリオAにビスケット製造の資源・エネルギー分を負わせて、シナリオAの環境負荷－シナリオBの環境負荷量＝二酸化炭素削減量として評価することができる。この場合、あくまでも仮想的にだが、フードバンクに食品を寄付することで、本来どこかで作られるはずだったビスケット製造を削減できたという評価をしているのに等しい。

しかし、「実際問題として二酸化炭素排出量は減っているのか？」と聞かれれば、話が違ってくる。フードバンクには、既に作られた食品が様々な理由で余ったり売れなくなったりして寄付されるわけで、寄付されたからといって元の製造量が減るわけではないからだ。現時点ではフードバンクへの寄付量は食品製造の量からみれば微々たるものであり、市場への影響も考えづらく、食品生産への負のフィードバックの効果があるとは言えない状況にある。その観点から図3－3に書かれたままのシナリオで評価すると、シナリオAとシナリオBで輸送にかかるエネルギーは同じと仮定すれば、実際に二酸化炭素の排出量に違いはないという評価になる。シナリオAのほうがビスケットごと燃やすから二酸化炭素の量は増えそうだが、ビスケットに含まれる炭素分は元はといえば植物が光合成によって大気中の二酸化炭素を吸収して作ったものなので、吸収したものを元に戻しただけ、つまり二酸化炭素濃度の増減には関係ないと考えるのだ。これをカーボンニュートラルという。そして容器包装は、食品ロスとしてそのまま廃棄されても、フードバンクに寄付されて中身が食べられても、焼却される量は変わらない。

そうはいっても、前述の通り、フードバンクへの寄付はトレードオフの問題を考えずに済む「どんどんやるべき環境活動」だ。個人的には、フードバンクの食品取扱量が市場に影響を与えるくらいにもっと増えて、食品製造量への負のフィードバックがかかるようになれば良いと思っている。そうなれば、食品ロスや農作物のロスの実態をもっと多くの人が知るようになり、ロスを減らそうという機運は今以上に高まるだろう。

一方で、それだけの量を引き受け、調整する体力は地方のフードバンクにはまだない。前述の情報管理システムの開発や、生活困窮者支援に係る行政、社会福祉協議会や各種法人・団体、そして一般の市民や企業が主体的に参加・協力すやすい枠組みづくりをさらにすすめる必要がある。

＊1　ＣＯ２：二酸化炭素／ＮＯｘ：窒素酸化物／ＳＯｘ：硫黄酸化物／ＣＯＤ：化学的酸素要求量（水質汚濁の指標）
ＢＯＤ：生物学的酸素要求量（水質汚濁の指標）／Ｐｂ：鉛／Ｃｄ：カドミウム
ＬＣＡではこれら全ての環境負荷物質を対象とするわけではなく、任意の物質を指標とする。二酸化炭素が最もよく使われる指標である

『未来にツケを残さない』

あいあいねっと(フードバンク広島)
代表理事　原田佳子
あいあいねっと(フードバンク広島)
理事　増井祥子

はじめに

ある日ある朝の「あいあいねっと」レストラン営業日のスタートの様子です。

「おはようございます。今日は何する?」

「かぼちゃが、よーけ来とるけー、久しぶりにコロッケにしようや」

「そうじゃね。昨日Aさんからきゅうりもろうたけー酢の物にしようか」

「ええね」

レストランで出すメニューのほとんどを提供された食品で賄うのがこのレストランのコンセプト。で、前もって献立を立てておくことはできません。その日届いた食品や冷蔵庫の中、在庫の食品で、瞬時に、二つ三つのメニューを考えなければなりません。それで、このような会話から、「あいあいねっと」の朝は始まるのです。

九時には事務のスタッフ[*1]もやってきます。事務のスタッフの仕事は、届いた提供食品の種類や重量を記録することから始まります。やがて一人二人とスタッフの数が増え[*2]本格的に調理が始まります。献立を考えるスタッフ、下ごしらえをするスタッフ、おかず専門のスタッフ、ご飯担当のスタッフ、玄関周りやホールを掃除するスタッフ、時には味見を皆でしながら、和気あいあいと作業は進み、昼のメニューが次々と出来上がって行き、一一時には、すべての作業が完了します。おかずは、皿や小鉢にきれいに盛られ、おむすびは小皿に漬物とともに並べられています。ここで料理の写真撮影や使用している食材料等々……詳細に記録します。

一一時ちょうど、「ガラガラ」と玄関の引き戸を開ける音がします。「こんにちは」Yさんの声です。いつも開店と同時にやって来ます。

「いらっしゃいませ。今日は天気がいいですね」とスタッフが注文をとりに行きます。

「いつものフルコース」客とスタッフのやり取りは、続きます。

「家でようけなすびがなっとるけー、今度持ってくるよ」

「ありがとうございます。今年は、なすびがようできますね」

「昼間は暖かいけど、夕べは冷えたね。あんたも歳じゃけー、気をつけんと風邪ひくよ」

いつもこんな雰囲気でゆったりと店の時間は流れていきます。時に、常連の客が来ないときは、スタッフ皆で心配します。

「Mさん、最近来んけど、大丈夫かね。家の中で倒れとるんじゃなかろうね」

「誰か、帰りに様子を見てきてよ」

「分かった。うちが行くわ」

「『あいあいねっと』に来たらホッとするよ」

「田舎のおじいちゃん、おばあちゃんの家にいるみたいにのんびりできます」
「落ち着いていいね」
毎週火曜日に来て、二時間はおしゃべりが尽きない仲良し四人グループがいます。電車とバスを乗り継いで毎週来る老夫婦がいます。

長年この地域に在住する高齢者が客の大半を占めるので、この活動を通して地域のことがよく見えてくるようになりました。どこにだれが住んでいて、だれと仲良しである。かかりつけの病院はB診療所で、カットはM美容院。Yさんは、去年孫ができて、その世話で大変らしい、というふうに。必然、客との繋がりが濃厚になり、地域の良いところも、課題も見えてきます。

「あいあいねっと」が位置する広島市安佐北区可部近隣地域は、年々高齢化率が高くなっていますが、世帯の平均人員は年々減少しています。一人暮らしの高齢者が増加していると推察できます。

「あいあいねっと」のスタッフや支援者には、医療や介護の専門家がたくさんいます。居宅介護[*3]の専門家であるケアマネージャー[*4]から老々介護[*5]、認々介護[*6]の話をよく聞きます。若くて元気な時には、思いもよらない事態に遭遇することも度々あるそうです。

一人暮らしだとなおさらのこと、命に関わるような大事がないとも限りません。

「あいあいねっと」は、活動の一つとしてそんな高齢者や介護に当たる人の話し相手となり、寄り添い、見守り、地域の居場所、心の拠り所となるよう活動を続けています。

ところで、多くの客は、先ほど述べたように近所の高齢者ですが、新聞で見た、テレビを見たと遠方より足を運んでこられる客やNPO関係、行政など、「あいあいねっと」の活動内容に興味を持ち視察を兼ねて訪れる客もたくさんいます。そして、赤ちゃんや小さい子を連れた若い世代にも人気です。「あいあいねっと」は広島県の公益財団法人「ひろしまこども夢財団」が主催する「イクちゃんサービス」に加盟し、ミルクを溶かすお湯やおしめを交換する場所の提供などを行い、若いお父さん、お母さんの子育て支援も行なっているからです。

世代間交流の場の提供、これも「あいあいねっと」の重要な役割です。

「あいあいねっと」は、誰にも優しく門戸を開いています。「あいあいねっと」は、みんなが心豊かで楽しくその人らしく生きていくことが可能になるような暮らしができるよう食を通してお手伝いをしています。

＊1　事務所のスタッフは三人いる。会計や提供食品、日々の活動記録が主な役割。厳格さが要求されるので、労働契約を結び、有給スタッフ。

＊2　ボランティアなので、各人の生活スタイルに合わせた活動を行っている。

＊3　在宅での介護のこと。

＊4　介護支援専門委員。利用者の介護の全般の相談援助や関係機関との連絡調整を行う。

＊5　例えば、高齢の夫が高齢の妻の介護をする。

＊6　例えば、認知症の妻が認知症で寝たきりの夫の介護をする。

第一章「あいあいねっと」の活動を始めたきっかけ

一．フードバンクとの出会い

アメリカではフードバンク活動が盛んです。フードバンク発祥の地でもあります。それには、アメリカなりの社会的・歴史的背景があります。二〇〇〇年に「アメリカ食市場研修ツアー」に参加しました。アメリカでトレンドな食情報を収集し、日本での企業利益の参考にするのが主な目的のフードビジネス研修です。フードバンクを知ったのは、研修先のニューヨークで訪れた老舗のスーパーマーケット「ZABAR'S」の経営者の話からです。「売れ残った食品は、フードバンクに行きます」。次に、ワシントンにあるフードバンクを訪問しました。大きな倉庫に、食品が山と積まれ、リフトカーで運搬する風景は、一般企業の倉庫と変わりありません。アメリカで最も大きいフードバンクネットワークであるFEEDING AMERICA[*1]によると、アメリカ全土には、FEEDING AMERICAとネットワークを結んでいるフードバンクが二〇〇団体あり、年に約四，六〇〇万人に食料を提供しています。

アメリカから始まったフードバンク活動は、カナダ、ヨーロッパ、オーストラリア、ニュージーランドと先進国に拡大し、日本では、二〇〇〇年に東京都台東区で「セカンドハーベスト・ジャパン」が、二〇〇三年に兵庫県芦屋市で「フードバンク関西」が活動をスタートさせています。

＊1　"Feeding America"　http://www.feedingamerica.org/　（アクセス日　二〇一七年五月二六日）。

二．フードバンクを始めたきっかけ

アメリカビジネス研修後、広島でのフードバンク活動のきっかけを模索している最中でした。ある日のことです。地域の基幹病院から紹介されてきた糖尿病から慢性腎臓病になった男性患者O氏（当時七五歳）の栄養指導に当たりました。家のどこに醤油があるのかさえわからないという高齢の男性です。

病院は退院したもののさて食事はどうする？　悩ましい問題に、病院のスタッフは頭を抱えます。家族構成は、妻と息子の三人暮らし。息子は仕事の関係で帰宅が深夜となり頼りにするわけにいきません。妻は、彼女自身障がいを抱えており、自分自身のことで精いっぱいで、夫の食事の世話などとんでもないという状態でした。なかなか妙案が浮かばない中、広島市の配食サービスを紹介しました。これを利用すると、一食当たり四〇〇円（二〇〇六年当時）で自宅まで事業者が弁当を配達してくれます。事業者は、弁当利用者の安否確認も行うことになっています。この患者は、少し考えた後、私にこう言いました。

「高いですの！　わしの命にそれだけの金をかける価値がありますかいの！」

私には、返す言葉がありませんでした。栄養的知識をいくら持っていても、管理栄養士として経験や研鑽をいくら積んでいても、経済的問題を抱える患者の前にはなす術がないのです。

その後、同じように経済的な問題で食生活をうまくコントロールできない患者に出会うケースが増えてきました。

「少ない年金で何とかやり繰りしていますが、けちることができないのは近所の付き合いです。食費を削る以外方法はないのです」

「交通の不便なところに住んでいますので、車を手放すわけにはいきません。ガソリン代はもちろん、税金や保険の支払いがあり、買い物は、まずは、安売りや賞味期限が近づいていて半額の商品から選びます」

管理栄養士として無力感を覚えざるを得ませんでした。

そして、前出の患者O氏に出会った、この時直観しました。フードバンクに提供された食品を使って高齢者の「食べる」を保障する。ここに広島のこの地でフードバンク活動を、行う意味がある。

ここにニーズがある、と。この地域にホームレスの方は居ません。アメリカや大都会の真似をしてもフードバンク活動は定着しないと考えていました。地域に必要とされる活動でなければ、地域の理解や協力を得ることはできません。理解や協力を得ることができなければ、趣味の世界になってしまうことも考えられます。思うに、私はひたすらこの機会を待っていたのです。

しかし、「食べる」だけを保障しても高齢者の抱える問題は減りません。歳を重ねればそれだけ課題も増えていきます。高いところに手が届かない。腰痛で庭の草むしりができない。買い物に行くにも足が不自由等々……。

そこで、考えたのは、地域の様々な公的私的な組織や団体と繋がり、そのネットワークの中で高齢者をサポートしつつ、「食べる」ことはフードバンクが担うという図式です。わかりやすく言い換えると、誰もが安心して暮らすことのできる地域づくりを行いながら、フードバンク活動を行い高齢者の「困った」に対応するというやり方です。

そこで、生活困窮者支援団体だけでなく、地域づくりや地域活性化のために頑張っている団体にも食料を分配する仕組みを作りました。この仕組みの詳細は、「あいあいねっと」の活動の紹介で説明します。

三、経済的に困窮する高齢者の食の問題

「あいあいねっと」の代表理事である私は、長年管理栄養士として診療所に勤務してきました。広島市の中心部より約一六キロメートル位北東に位置する広島市安佐北区可部の民間の地域医療機関が勤務先です。ご存知のように広島市は、一九四五年八月六日に投下された原爆により壊滅しました。爆心部は、この先七五年は草木一本も生えないだろうと言われました。辛くも可部地域は、原爆の直接の被害を免れることができたため、古い民家が軒先を並べている風景を見ることのできるのどかな所です。家族代々に渡って住み続けている方もたくさんいて、地域の絆も強く、おすそ分け文化がまだまだ残っているところです。現在は、広島市の中心部へ勤務する人々も多く住み、大型のスーパーや家電量販店などもでき広島市郊外の中心地として発展してきました。

安佐北区の高齢化率は、二〇一六年には三〇%を超え、広島市8行政区内で最も高く、一番低い安佐南区と一〇ポイント以上の差があります。ですから勤務する診療所の患者は、地域の高齢者が多くを占めています。それでも、私が、この診療所に勤務し始めた二〇〇〇年頃は、入院患者の年齢は六〇~七〇歳代が中心で、当時、それほど身近に高齢化を感じることはありませんでした。

この病院に勤め始めて間もない頃、九〇歳の男性患者が入院した時のことを思い出します。九〇歳という年齢にびっくりしナース共々、ベッドサイドに駆けつけたくらいです。

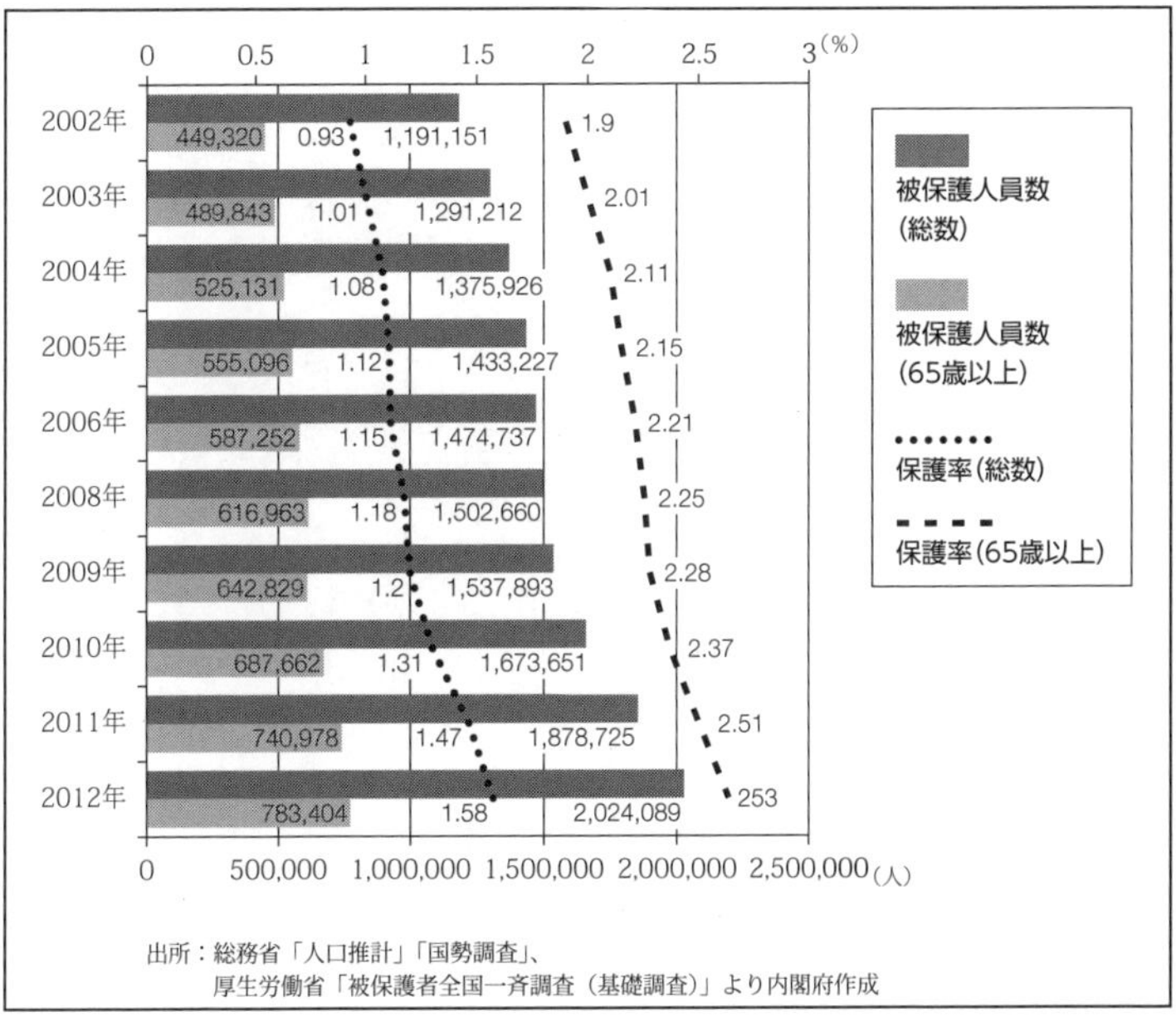

グラフ1-1　生活保護受給者総数と高齢者受給者

現在は一〇〇歳を超える患者が入院してくるのも珍しくありません。日本の高齢化がものすごい速さで進んでいることを実感します。

グラフ1－1は、生活保護受給者総数と高齢者受給者数の年次推移ですが、二〇一二年をみると、受給者総数が、二，〇二四，〇八九人で、高齢者受給者が七八三，四〇四人であり、高齢者受給者が全体の四割弱を占めています。保護率も、年々上昇し二〇一〇年からは、年に〇．一ポイント以上も高くなっています。わが国の生活保護受給者の増加は高齢化も大きな要因の一つであることがわかります。

厚生労働省「平成二六（二〇一四）

年国民健康・栄養調査の結果」の中の「食品を選択する際に重視する点」によると、以下のように記載されています。「食品を選択する際に、おいしさを重視する者の割合は、男女とも世帯の所得が六〇〇万円以上の世帯員に比較して、二〇〇万円未満、二〇〇～六〇〇万円未満の世帯員で有意に少なく、好み・大きさ・量を重視する者の割合は、男性では二〇〇万円未満と二〇〇～六〇〇万円未満の世帯員で有意に少なく、女性では二〇〇万円未満の世帯員に有意に少ない」また「所得の低い世帯では、所得の高い世帯と比較して、穀類の摂取量が多く、野菜類や肉類の摂取量は少ない」という結果が得られました。わかりやすく説明すると、所得の低い世帯ほど、満腹感が得られやすいご飯や麺、パンなどの穀類の摂取が多く、野菜や肉類の摂取が少ない、好みなどは重要視しない、ということです。この調査結果は、高齢者に特化したものではありませんが、わが国の急速な高齢化及びグラフ1－1の高齢者の生活保護受給者増加などから推し測ると、特に高齢者に多く見られるのではないかと推察されます。

総務省から出された統計トピックス「統計からみた我が国の高齢者」によると、「六五歳以上の高齢者人口は三三八四万人（平成二七（二〇一五）年九月一五日現在推計）で、人口、割合共に過去最高となりました」経済的に問題を抱え食べることさえ保障されない高齢者がますます増えていくことを意味します。

これからの時代は、高齢者の食や健康について考えるとき、経済的な視点が必要不可欠であると

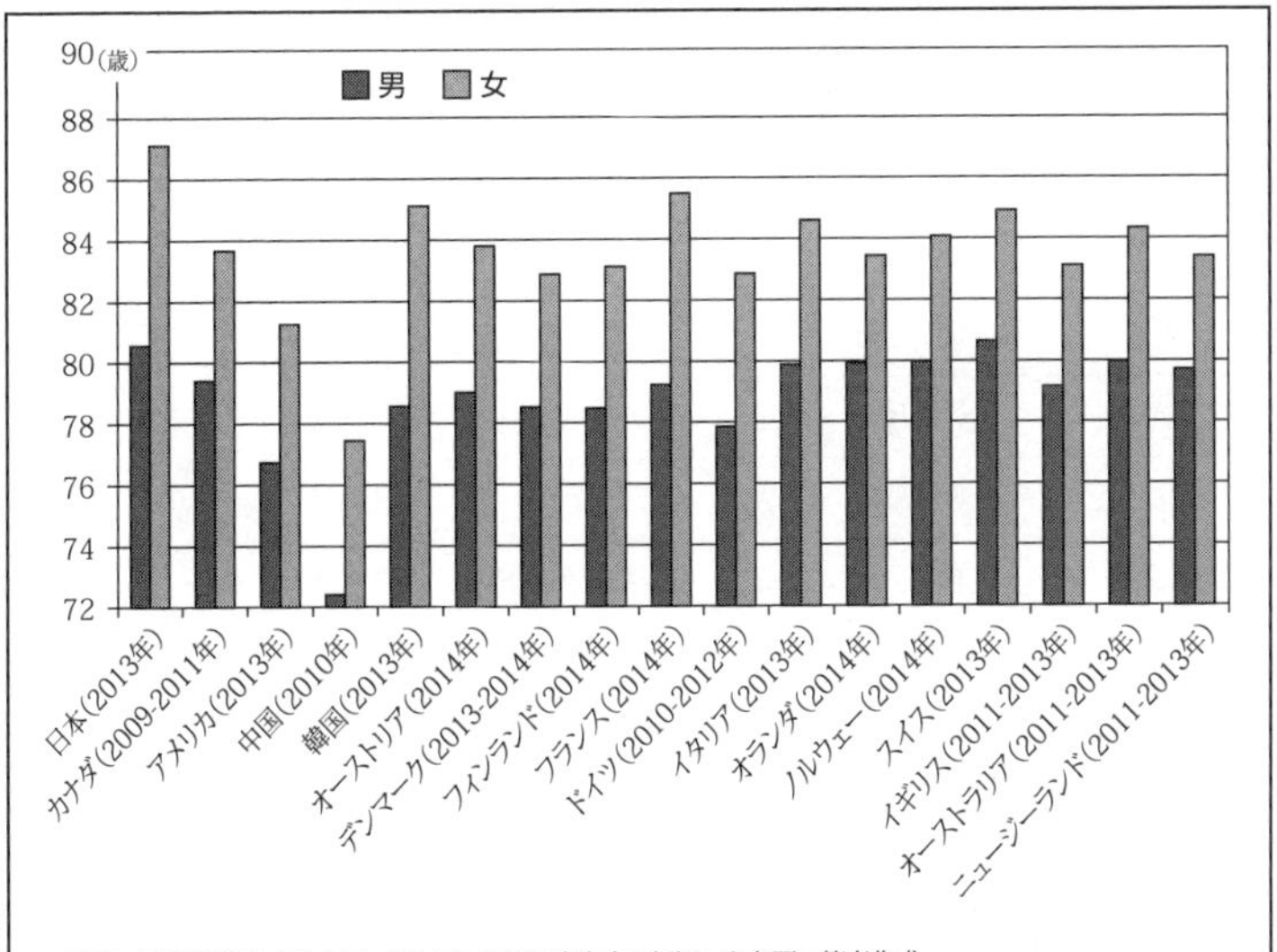

出所：厚生労働省「平成 26〈2014〉年簡易生命表の概況」を参照に筆者作成

グラフ 1-2　平均寿命の国際比較

いうことがわかります。当然、適切な食事ができなければ栄養状態が悪化します。そして低栄養[*2]となり、抱えている病気がさらに悪くなったり、新たな病気を引き起こしたり、ひいては介護が必要となるリスクがとても高くなります。このような高齢者の食に関する課題は、高齢者の急激な増加につれてますます増えていくことが予想されます。

グラフ1－2と表1－1は、平均寿命[*3]と健康寿命[*4]の国際比較です。名実共に日本は、男女とも世界一の長寿を誇る国です。しかし、気になるのは、平均寿命と健康寿命の開きです。男性九．四年、女性一一．二三年あります。この差は、日常生活に制限のある「不健康な期間」を意味します。この期間が長いと、本人の生活の質（ＱＯＬ）の低下はもちろんのこと家族を始め、地域社会にとっても大きな負担を強いられることになり、それ

男性		順位	女性	
国名	健康寿命		国名	健康寿命
日本	71.1年	1	日本	75.6年
シンガポール	70.8年	2	シンガポール	73.4年
アンドラ[*5]	69.9年	3	アンドラ	73.4年
アイスランド	69.7年	4	アイスランド	72.3年
イスラエル	69.5年	5	イスラエル	72.2年

出所：
厚生労働省
「食生活指針の解説」
を参照に筆者作成

表 1-1　世界の健康寿命の順位

にかかる医療費を含めた社会保障費は増加の一途をたどることになります。長寿は素晴らしいことではありますが、健康寿命をいかに伸ばすかは、今後の日本の課題です。

高齢者の低栄養予防は、まったなしの国の課題でもあるのです。「フードバンクに提供される食品を利用して経済的に困窮する高齢者の食を保障する仕組みを作る」

「何としても、フードバンクを活用した高齢者の『食』支援を実現しなければ」この強い思いが、私がフードバンク活動を始めた動機です。

＊2　栄養状態の悪いことをいう。
＊3　零歳のものがあと平均何年生きられるのかを示した数（大辞林）。
＊4　零歳のものが健康で何年生きられるのかを示した数。このとき、健康とは傷病により就床した状態でないことをさす（大辞林）。
＊5　フランスとスペインに挟まれた、ピレーネ山脈の中にある金沢市とほぼ同じ大きさの小国家。

第二章　「あいあいねっと」の活動の紹介

一.「あいあいねっと」が活動を開始するまでの経緯

「自分の専門である『食』を基盤に、安心して暮らすことのできる地域を作ろう」

その一念で、二〇〇七年一一月九日、志を同じくする有志が集まって設立総会を開きました。メンバーは、地域医療、地域福祉に携わる者、環境カウンセラー、税理士、食品メーカーの社長、それに私を含めた一三名です。当日は、日本で最初にフードバンク活動をスタートさせた「セカンドハーベスト・ジャパン」理事長チャールズ・E・マクジルトン氏が東京から駆けつけてくれました。

拠点となる事務所は、地域づくりをしている人から紹介された広島市安佐北区可部にある古民家を利用することになりました。山陰と山陽を結ぶ可部街道に面しているこの地は、第一章でも述べたように原爆の直接的被害を免れたため古民家が多く残存し、それらを活用した「まちづくり」の活発なところです。紹介された古民家は築九〇年くらい。建てられた当時は、大きな門もあったそうで、立派なお屋敷です。フードバンク活動を基盤事業にしたコミュニティ活動にぴったりの実に風情のある拠点事務所です。

「何とも居心地がよく落ち着く場所ですね！」

「あいあいねっと」に来られた多くの方からこのような言葉をいただきました。「あいあいねっと」の活動が地域社会に評価された一つの理由に、この建物の存在はとても大きいと考えています。

早速、フードバンクの先輩である「セカンドハーベスト・ジャパン」と「フードバンク関西」から提供された資料や情報を元に、定款、食料提供者、食料受取者と「あいあいねっと」が取り交わす合意書などを作成し、設立総会開催後、二〇〇八年二月末には広島県より特定非営利活動法人の認証を取り、二〇〇八年四月二六日、いよいよ事務所開きの日を迎えました。関係者約二〇名が参加し、新しい事業の成功を祈念し念願のフードバンク活動の第一歩を踏み出しました。特定非営利活動法人としては、わが国三番目のフードバンクの誕生となります。中国四国地方初のこの取り組みは、翌日の中国新聞の朝刊に掲載されました。翌月のゴールデンウィーク明けから、まずは基幹事業であるフードバンク活動のスタートを切りました。

二．コミュニティレストラン事業

基盤であるフードバンクシステムがどうにか動くようになり、最初に、取り組んだのは、「あいあいねっと」を始めた当初の動機である「高齢者の食の保障」を具現化することです。管理栄養士として日常的に高齢者の食の事情を見聞きしている経験から、提供された食品を渡すだけでは、高齢者の食の支援にはつながらない場合が多いことがわかっていました。身体的能力の低下に加え、精神的にも活力が低下しており、調理する気力が湧かない方も多いのです。買い物や調理をする、家族で食卓を囲む、友達と楽しくランチするなど食に関するプロセスは、五感をフルに活用する行為であり、認知症予防・低栄養予防などの観点からも大いに推奨されるものなのですが、一人暮らしの高齢者の増加などもあり、現実は、出来合いの総菜を購入したり、外食で済ませたりする方が多くみられます。

そこで、思いついたのは、提供食品を活用したコミュニティレストランです。提供食品を活用することにより、格安メニューができます。ワンコインでもお腹も十分に満足させられるレストランを目指しました。もちろん、栄養的な配慮も欠かしません。サロンとしての役割も担っています。

この事業の実施に当たって、公益財団法人広島文化財団「ひと・まち広島未来づくりファンドＨ㎡」の助成事業から資金を受け、拠点事務所の台所を大量調理が可能な厨房に改装しました。厨房機器や、ホールの机、椅子などの備品は、中古品を安く購入したものもありましたが、企業や個人の方の好意で無料で貰い受けたものがほとんどです。食器類もたくさん集まりました。こうして、二〇〇九年九月一〇日に開店の日を迎えることができました。一〇月六日には、ＮＨＫ「地域の底力」という番組の取材を受け、グッチ裕三さんが厨房に立ち、「あいあいねっと」のための新メニューを考案していただくというサプライズもありました。

三．「まめｎａｎレストラン」の名前とロゴマーク

「あいあいねっと」が扱う食品から廃棄物というイメージをとり払うため名前が必要と考えました。そこで、レストランの名前は「まめｎａｎレストラン」と命名。昔は、「元気ですか」という日常的な挨拶を広島弁で「まめでがんすかいのー」といいました。今は、ほとんど使われなくなってしまいましたが、田舎のおじいちゃんやおばあちゃんには親しみのある言葉だと思います。そこで食品ロスを「まめｎａｎ」と名付け、それを使ったレストランということで「まめｎａｎレストラン」が誕生しました。

図2-1　まめnanのロゴマーク

図２－１は、「食品ロスとして廃棄される予定だった食品を、リメイクしリユースすることで本来の食べ物としての役割を果たすよう蘇り、地域を走り回り地域を元気にする」それをイメージ化したロゴマークです。当時のスタッフのデザインです（大豆、小豆などの

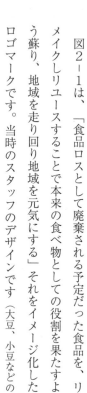

写真2-1　まめnanレストラン。入り口と幟旗。

まめは通常は乾燥した状態で売られています。ですから軽くてポータブルで、おまけに常温保存が可能です。冷蔵庫や冷凍庫など必要ありません。環境に優しく、活動にぴったりの名前です）

写真2－1の幟旗《のぼりばた》と暖簾《のれん》は、ボランティアスタッフ渾身の手づくりです。刺繍とアップリケで丁寧に作られ「まめｎａｎレストラン」のイメージにぴったりです。レストラン営業日には、玄関前に取り付けます。

四．「まめnanレストラン」の紹介

「まめnanレストラン」の詳細を紹介いたします。

「まめnanレストラン」

○営業日及び時間：毎週火曜日・金曜日

午前一一時〜午後二時

○メニュー：野菜あんかけうどん二八〇円

おむすび（三角むすび梅干し入り八〇円、俵むすび二個で七〇円）

小鉢二〜三種類各五〇円

コーヒー（お菓子付）二〇〇円

メニュー作成及び調理は、ボランティアスタッフが行います。できるだけ購入は控え、提供された食品で賄います。ですから、うどんの上の野菜あんかけも営

写真2-2
ある日のレストランのメニュー

業日ごとに材料は違いますし、小鉢も出来上がってみなければわかりません。規格外の野菜は、下処理が大変です。じゃが芋の皮をむくにも一苦労します。スタッフの汗と涙の結晶ともいえるアイデアにあふれたメニューが出来上がり、管理栄養士である私もその素晴らしさと斬新な思いつきに驚かされることしばしばです。先ほどのじゃが芋の皮も、ゴーヤの中の綿や種も無駄にはしません。天ぷらにすると美味なのです。ここでは、長年の勘と腕がものをいいます。

おむすびに小鉢二品というお客様も結構います。三角むすびと俵むすびの二種類用意しています。三角むすびは、梅干し入りで海苔で巻き一個八〇円、俵むすびは、何も入っていない海苔巻です。二個で七〇円。ごはんの重さは、どちらも同じです。俵むすびは、高齢者の口の開き具合を考慮して、小さ目に作りました。

コーヒーは、よく売れる商品です。コーヒーメーカーで作ります。事前に、コーヒーカップを温めておく気配りも忘れていません。「まめｎａｎレストラン」開店当初は、提供食品で賄っていたのですが、ここ五年以上、ほとんど提供はありません。世界的にコーヒーの需要が伸びている、価格が高騰している等々の事情が食品ロスにも現れているのでしょうか。提供食品から、世界の食料事情を垣間見ることもできます。イベント時には、手作りケーキなどを組み合わせたコーヒーセットが人気です。

普段は、一回の客数は、二〇名～三〇名位。しかし、イベント時には、四〇名を超すこともあり

写真2-3
まめnanレストランでの
クリスマスイベント

ます。会合で利用されることもあります。

五．居場所づくり

写真２－３は、「まめｎａｎレストラン」でのイベントの様子です。地元の芸達者な方をお招きし、ボランティアで腕前を披露していただきます。だいたい月に一度の割合です。今まで開催した主なイベントは手品、ひょっとこ踊り、手話コーラス、地元の女子大学生による津軽三味線、詩吟、ハーモニカ演奏、大正琴、可部こまち南京玉簾、可部交通安全協会の人形腹話術による交通安全教室等々盛りだくさんです。イベントの時は、メニューも豪華に工夫を凝らします。それはそれは賑やかなひと時となります。

イベントと同時に行うことが多いのですが、日本の伝統文化である行事食も出しています。正月明けの鏡開きでは、ぜんざい、二月三日節分では豆料理、三月三日ひな祭りでは散らしずしと桜餅、四月上旬はお花見料理、九月お月見はお団子、一二月クリスマスは洋風料理にケーキというふうに。いつもあっという間に売り切れます。

かつては客間だった部屋を開放し、レストランのホールとして利用しています。四〇畳くらいの広さでしょうか。立派な床の間には、毎回スタッフが必ず季節の花を見事にいけてくれます。食事用の机には、季節の野の花を小さな花瓶に飾ります。膝に障害を抱える高齢者は少なくありません。そこで、机と椅子の用意もしました。全部で六つあります。

他にも、ちょっとしたスタッフ手作りの小間物がさりげなく置かれ、「あいあいねっと」ならではの細やかな心配りが、来る人の心を和ませ居心地の良さを演出しています。

写真2-4　机の上に飾られた季節の花

写真2-5　スタッフ手作りの小間物

六.「あいあいねっと」の活動の定義

フードバンクの定義ですが、一般的には「食品関連企業から食べられるのに廃棄してしまう食品を無償で提供してもらい、それを必要とする人たちを支援している団体に無償で分配する」と解釈されています。しかし、特に学術的な定義があるわけではありません。「あいあいねっと」も当初は、この考え方で活動を進めていました。しかし、あまりにも膨大な食品ロスを目の前に、食品ロスは、偶発的なものではなく、社会や組織のあり方から構造的に、作り出されるということに気づきました。

そこで、「あいあいねっと」は持続可能な循環型社会のフレームワークの中で、まずは食品ロス削減、そして膨大な量の食品ロスに関しては有効活用する、を活動の基本に据え、「あいあいねっと」独自の定義に基づいて活動を行うようになりました。その定義は「食べ物を食品ロスにしない、大切な食べ物を捨てずに生かす活動」です。

「あいあいねっと」の名前は、「高齢者を地域全体でサポートしよう」という意味を込めて「助け合い　支え合いで　縁結び」から「愛」と「愛」のネットワークを地域に広げようということで命名しました。ミッションは「もったいないの精神で、限りある資源を大切にし、地球環境を守り、誰もが尊厳を持って心豊かに暮らすことのできる地域社会をつくる」です。

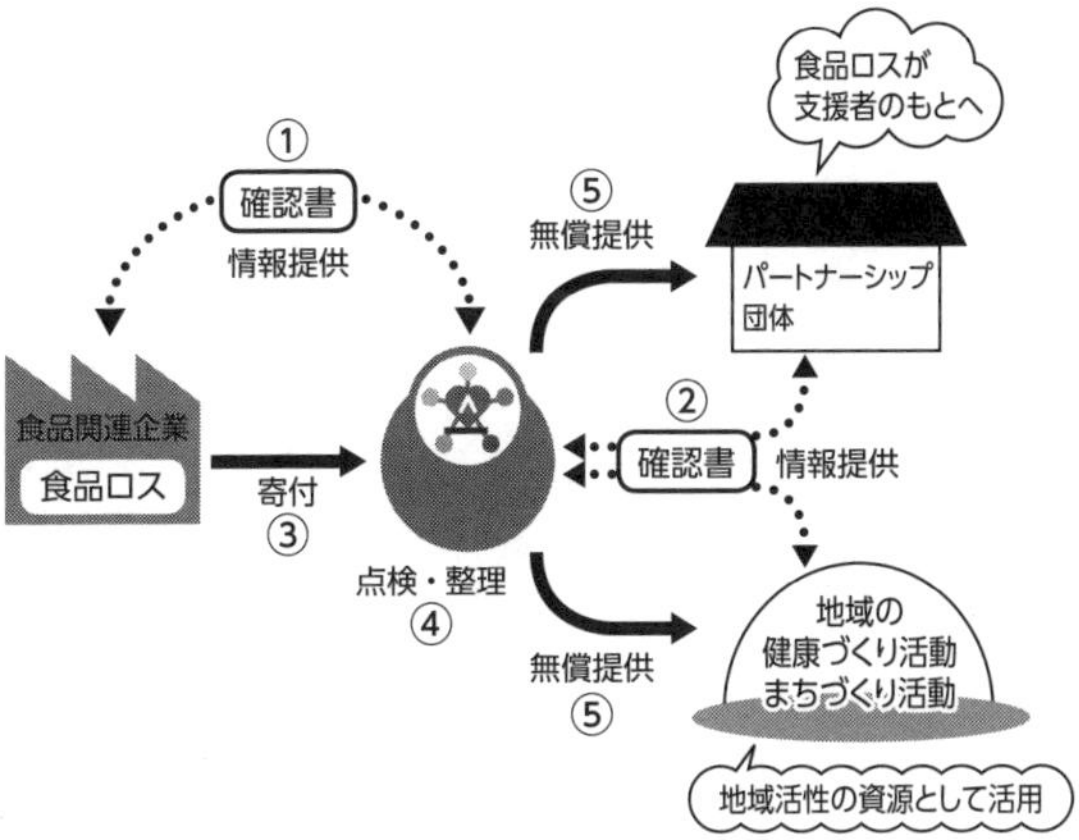

図2-2　「あいあいねっと」の仕組み

七、「あいあいねっと」の活動の仕組み

「あいあいねっと」の主な活動は、一つ目は、フードバンク活動を基幹事業とし食品の無償提供を受け、それを必要としている人を支援しているパートナーシップ団体や地域の健康づくり、まちづくり活動を行っている団体に無償で分配することです。二つ目は、提供された食品を有効活用したコミュニティレストラン事業です。三つ目は、食品ロス削減の啓発活動となります。

図2－2は、「あいあいねっと」に提供された食品の流れと仕組みです。

最初に、食品を提供してくれる食品関連企業等と食品を受け取るパートナーシップ団体と情報交換し互いをよく理解し、二つの確認書を交わします。食品関連企業と交わすひとつ目の確認書（図①）の内容は、●「あいあいねっと」と食品関連企業の確認書の目的に関して、●食品関連企業による食料提供の方法と適正な使途に関して、●「あいあいねっと」の適切な食品管理に関して、●「あいあいねっと」提供後に食料に関して生じた事故により責任を負うことはないことに関して、●「あいあいねっと」は提供された食料を食品関連企業の承諾を得ることなく、他に譲渡、貸与してはならないことに関して、●解約に関して、●暴力団等反社会的勢力の排除に関して、などです。パートナーシップ団体と交わす二つ目の確認書（図②）の内容は、●「あいあいねっと」とパートナーシップ団体の確認書の目的に関して、●「あいあいねっと」による食料の提供に関して、●パートナーシップ団体の食料の利用方法に関して、●「あいあいねっと」への報告に関してなどです。

その後、「みんなで力を合わせて、食品ロスを削減しましょう」という思いから「あいあいねっと」の会員になってもらいます。そして食品の寄付（図③）を受けます。提供された食品は、賞味期限は切れていないか、パートナーシップ団体に分配するのに適当かどうかなど点検整理し（図④）、何月何日〇〇企業から〇を何キロ提供されたことと、何月何日〇〇パートナーシップ団体に〇を何キロ分配という記録を写真と共に必ず取ります。二〇一五年夏より、これらの管理が簡便にできるタブレットを使用したオンラインシステムを導入しました。それによりずいぶん作業が効率化されました。食品の無償提供（図⑤）は、パートナーシップ団体の要望や意見を聞き、できるだけ希望に沿う物を分配するよう配慮しています。

八．組織作り

「あいあいねっと」独自のフードバンクの定義の説明をしました。しかし、フードバンク事業が基幹事業であることには変わりありません。フードバンク活動を運営する主体者は、提供者と受取者の橋渡しということになります。ですから、フードバンク活動には、食料提供者、それを必要とする人たちを支援する団体が必要不可欠な存在となります。

しかし、フードバンク活動を始めるに当たり、まずは「フードバンクとは何か？」「私たちは何をしようとしているのか？」を地域に知ってもらわなければなりません。市や地区の社会福祉協議会からの情報や紹介を足掛かりに、ボランティア団体や民生委員・児童委員の会合や、町内会長等々に説明に廻りました。当然、初めて耳にされる方がほとんど（おそらく全員）でした。しかし、特に、難色を示されることもなく、事務所開きのことが新聞にも出ていたせいか「いいんじゃないですか！」と好意的に受け止められました。

同時進行で、食料を受け取る側も探しました。こちらの情報も社会福祉協議会からもらいました。しかし、当初考えていたほどすんなりいきませんでした。疑心暗鬼に「うちは間に合ってますから」と断られるケースが多く、中には、「企業の廃棄物を我々に押し付けるのか」という重くて厳しい言葉も聞きました。後々、その言葉の真意を理解することになるのですが……。

しかし、食べ物に責任があるわけでなく、食べられる食品を廃棄にする我々社会の仕組みに問題があるということも含め説明を進めていくうちに、次第に理解されるようになり、食料の受け渡しの依頼が少しずつ、増えていきました。

次に、食料提供企業の開拓です。こちらはあまり苦労しませんでした。管理栄養士という職業柄、食品関連企業の知り合いが数人いて、最初に、彼らを頼って食料提供の協力を申し出ました。ですから、「いいよ。原田さんがやるならお手伝いするよ」と頼もしい返事を頂くことができ、すんなりと事が運びました。まずは、規格外のうどんと野菜の提供が始まりました。テレビ、ラジオ、新聞等々メディアに載る機会も増えていき、それにつれ、食品関連事業者からのメールや電話での問い合わせが頻繁に寄せられるようになっていきました。東京や大阪の本社から管理部の方がわざわざ来られ、食品提供の話をいただくことも幾たびかありました。「セカンドハーベスト・ジャパン」や「フードバンク関西」からの紹介企業もありました。

このような経過で「あいあいねっと」のフードバンク活動は、支援企業一〇社、パートナーシップ七団体からスタートしました。第一章に記しましたが、「あいあいねっと」は広島市の中心部より北東約一六キロのところに位置し、農家も多く、昔ながらのおすそ分け文化がまだまだ残っている地域です。最近は、リタイア後に農業をする人も多く、個人からの食品提供（主に野菜が多い）も多くなりました。

また、実働部隊であるボランティア仲間を集めなければなりません。こちらは、なかなか思うようにいきませんでした。自分の患者に声をかけたり、仕事仲間に頼んだりと苦労しました。それでも、地域の年配の主婦を中心に少しずつ集まるようになりました。当初は、それほど多くの提供食品があるわけでもなく、パートナー団体も少なかったので、布草履教室や折り紙教室などスタッフの得意（小物づくりや裁縫・料理など）を生かしたイベントを時々行う程度でした。こうした地道な活動が、やがては地域への認知度のアップに繋がり、さらに多くのメディアに取り上げられ、少しずつ「あいあいねっと」の活動が知られるようになり、我々のフードバンクが地域社会に受け入れられ組織として多少形になっていきました。

九．スタッフの力

調理スタッフには、高齢者が多く、戦中戦後の物のない時代を逞しく生き抜いてきた知恵が、「あいあいねっと」で生かされていると密かに思っています。いえ、確信しています。営業終了後のミーティングで彼女たちの若かりし頃の話をよく聞きますが、食べ物に限らず、昭和初期頃の毎日の生活は、物を大切にし、知恵と工夫の結実であったと感心することしきりです。かくいう私も物のない時代に幼少期を過ごしましたが、小学校二年生のときにテレビや冷蔵庫、洗濯機がわが家に登場し、小学校六年生の時には東京オリンピックがあり、戦後、わが国の高度成長期と共に育った世代です。彼女たちの生活の知恵と工夫に感服しています。また、ホールを仕切るスタッフ、会計担当のスタッフも重要な任務を担っています。直接お客様と向き合う仕事だからです。ボランティアだからなどと呑気なことを言っていたらお客様の足は遠のくでしょう。一般の飲食店と同じです。

先に、低栄養の高齢者の話をしましたが、「あいあいねっと」で活躍しているスタッフのように高齢者でも心身とも元気で活力にあふれている人、やる気のある人はたくさんいます。活躍していただかなくては、本当に「もったいない」。私は、人口減少の中の少子高齢化が超加速化している今日、地域の主役・要は、元気な高齢者になるのではと思っています。

第三章　高齢者の食の実態と課題

「耳にタコ」と思われるかもしれませんが、今の日本は高齢者だらけです。企業の販売戦略は高齢者抜きに計画できないでしょうし、行政の施策も高齢者対策抜きに立てられないし実行もできないでしょう。私が、この活動を始めたきっかけは、第一章で詳しく説明しましたが、高齢者の食の問題です。しかし、このことに関しては、意外と知られていないように思います。

そこで、高齢者の食の現状と課題を、長年、高齢者の食事情を見てきた管理栄養士の経験から、また研究文献等を引用して述べていきたいと思います。

地域の民間病院に勤務して一五年経過しました。患者の高齢化はどんどん進んでいます。そのことを入院患者やデイケア、デイサービスの利用者の食事の形態からも理解することができます。入院患者の食事は、大きく分けて常食、治療食、形態食があります。常食は、一般食ともいい、いわゆる普通の食事です。

治療食は、文字通り糖尿病、肥質異常症など、患者の病態や症状に合わせた食事のことです。

他方、形態食は、患者の、症状や食べられる能力（特に咀嚼《そしゃく》、嚥下《えんげ》などの機能の能力）が配慮された食事のことです。軟菜、粥、重湯、刻み食、ミキサー食、ソフト食、トロミ食、ゼリー食（病院や施設などで呼び方は異なる）などがあります。刻み食とは、細かく刻んだ形態。ミキサー食とは、料理に水分を追加しミキサーにかけてドロドロ状にした形態。ソフト食とは、非常に柔らかく歯でかむ必要がないような形態。トロミ食やゼリー食とは、トロミ剤やゼリーを使い飲み込みやすくした形態のものです。デイケア、デイサービスには、入院食のように保険点数がつくわけではありませんが、ほとんどの通所施設では、できる限り、入院患者と同じように対応していると思います。

ここ一〇年前くらいから、形態食が増えてきました。刻み食にしても粗刻み、極刻みと内容が細かくなり、同じ患者でもごはんは、粥で、おかずはミキサー食という具合に一人一人というより、一皿、一皿ごとに形態が違うケースも珍しくありません。

なぜ、形態食が増えているのでしょう。主な要因は、加齢と共に、筋肉の衰えによる咀嚼力の低下、義歯による咀嚼力の低下、嚥下能力の低下、唾液の分泌が少なくなり飲み込みに必要な食塊《しょっかい》（通常、食べ物は歯で細かく切断し、舌や上下のあご、両横のほっぺたなどを使い唾液と混ぜて、飲み込むのに適した塊を作ります。その塊のことを食塊といいます）を作ることができない等々があげられます。中には、脳卒中の後遺症で咀嚼が困難な高齢者もたくさんいます。一言で表現すると「超高齢化」の賜物です。形態食では、喫食者に必要なエネルギーや栄養素を満たすことは不可能で、これだけでは栄養状態が悪くなるので、高エネルギーやビタミンが添加されたジュースやゼリーなどを使い、エネルギーや栄養素の補給に努めます。

また、加齢と共に食欲も落ちてきます。高齢者の低栄養は、今抱えている病気をさらに悪化させたり、新しい病気を抱えることにも繋がり、容易に要介護状態に陥りやすいのです。

少し専門的に、高齢者の栄養から高齢者の特性を挙げてみましょう。

【高齢者の臨床的な特徴】

一．一人で多くの病気を抱える

例を挙げると、若いころの高血圧から心臓が悪くなり、次第に腎臓がわるくなり、と病気が増えてきます。御存じの通り、受診を終え、薬局から出てくるとき、スーパーで大量の買い物をしたのかと思うくらいたくさんの薬が入ったレジ袋を提げている高齢者をよくみかけます。一つの病気ごとに一つの薬が処方されるのでこのような状態になるのです。

二．慢性疾患が多い

急性から慢性化し、症状も複雑で多様化しだんだん治癒が難しくなります。

三．個人差が大きい

若いころからの健康管理や生活習慣の違いの影響が四〇歳を過ぎたころから現れてきます。高齢期に入っても、現役顔負けの活躍をされている方もいれば、何らかのサポートなしでは、生活できない方もいて、個人差がとても大きく現れます。

四．脱水を起こしやすい

筋肉量が減少し、筋肉内に水分を蓄えておく能力が低下し、脱水症状が起きやすくなります。喉が渇いたという感覚も鈍くなります。食事の量も少なくなるので、摂取する水分が少なく脱水になりやすいということもあります。トイレに頻繁に行くのがいやでわざと水分の摂取を減らす高齢者もいます。

五．薬剤に対する反応が成人と異なる

肝臓や腎臓の機能が低下しているので、これらの臓器に負担を与える薬剤には注意が必要です。

六．症状が一定でない

長年患ってきた病いにより、恒常性を保つ能力が低下しているので、血圧や血糖値が急に上下したりなど症状が極端に表れることが多いのも高齢者の特徴です。

七．体の防御能力の低下のため病気が治りにくい

例えば、風邪が治ったと思ったら次の風邪をひき、一年中風邪を引いていると訴える高齢者の話をよく耳にします。これは、風邪に限ったことではありません。

八．最後に、医療だけでなく家庭や地域社会の環境にも大きく影響されます。多くの高齢者は身体

能力、経済力とも低下しています。様々なサポートを必要とします。公的なサービスも含め、家庭的社会的環境が、高齢者の予後に大きく関与してきます。

【高齢者の食生活に関連する生理機能の加齢による変化】

一．味覚、嗅覚、視覚の感覚機能の低下

まず最初に低下するのが視覚です。四〇歳前後から老眼鏡が離せない人は、結構います。五感の中でも、味覚は比較的長く保たれるそうです。料理のにおいが分からない、よく見えない等々で食欲が湧かない、と訴える患者がいました。

二．歯の喪失による咀嚼力の低下

加齢と共に歯茎も痩せていきます。以前作った義歯が合わない、役にたたないという高齢者はたくさんいます。義歯が合わないと痛くて食べられません。中には、食べるときに、痛いのでわざわざ義歯を外す高齢の患者の栄養指導をしたことがあります。まずは、歯科に行き適切な治療と義歯を作ってもらうよう話をします。

三．唾液分泌量低下

私たちは、食べたものを唾液と混ぜ合わせ食べ物の塊を作ることで、飲みこむことができます。バラバラの状態では飲み込むことができません。唾液の分泌が少ないと食塊ができにくいのです。

四．嚥下障害

食塊ができない状態で無理に飲み込むと、むせたり誤嚥《ごえん》の原因となります。誤嚥とは、食べ物が食道に行かず気管の方に入ってしまうことです。誤嚥がもとで肺炎にかかる高齢者は多くいます。それが命に関わることも少なくありません。

五．大腸の蠕《ぜん》動《どう》運動の低下

蠕動運動とは、消化管の収縮運動のことで、腸内の内容物を移動させる役割をしています。平成二五（二〇一三）年国民基礎調査の便秘有訴者率の年齢・性別による調査によると、二〇代のころより女性の方が男性より便秘を訴える方が多いのですが、男女とも五〇歳代の頃から有訴率は上昇し始めます。便秘に明確な定義はなく、日本の学会や国際基準をまとめると、排便の回数が減る、排便に困難を伴う、排便はあるがすっきりしない、排便がない……これらの症状があると便秘といえるようです。加齢と共に大腸の蠕動運動が弱くなり便秘になりやすくなります。お腹が張って気分が優れない、食欲が湧かないなど、高齢者に限らず誰しも経験するところです。

腸に長く便が停滞すると有害物質の侵入を防ぐ「腸管バリア機能」が低下し免疫力に影響し他の病気の原因となります。

六．喉の渇きの感覚が鈍くなり脱水の危険

喉が渇いているのがよくわからないようになります。そこで、病院やデイケア、デイサービスなどの老人施設では、定時間ごとにお茶や水を飲ませるよう配慮しています。

また、加齢に伴い、細胞内液（体重の三〇％から四〇％）が減少し、腎臓の機能も低下しているため脱水になりやすく、この場合は、ナトリウムやカリウム、マグネシウム、カルシウムなどの電解質も同時に失われてしまいます。電解質は体内の水分の中に溶け込んでいて、筋肉の収縮やエネルギーの代謝、神経の伝達など体が正常に機能するために必要なものです。高齢者がよく足のひきつけをおこすことがありますが、電解質の減少が原因です。

七．消化液の分泌量減少

加齢に伴う唾液、胃液、胆汁、膵液、腸液の分泌減少により、食べたものが十分に消化されなくなります。そして吸収も悪くなります。

八．活動量の減少

活動量が減少し基礎代謝が落ち、食事量が少なくなり、筋肉がやせ細り、健康状態に悪い影響を与えます。いわゆる負のスパイラルに入り、介護が必要となるケースがたくさんあります。

【高齢者の食事摂取に影響を及ぼす精神的、社会的要因】

一．うつなど精神的問題

一人暮らしなどによる孤独や経済的不安など原因は様々です。薬の関係によるものもあります。

二．経済的問題
少ない年金でどうにかやりくりしている高齢者は多いです。特に、一人暮らしの女性高齢者は経済的にとても苦しい人が多く存在します。
三．住宅環境
住居に段差が多い、手すりがないなどバリアフリーの環境になっていません。
四．家族構成
個々の高齢者にそれぞれの事情があり、かなり複雑な要素をはらんでいます。息子夫婦と同居している高齢の患者（妻は亡くなっている）は、息子のパートナーに遠慮し、食事のことを何も言うことができず、慢性腎臓病が悪化した例もあります。
五．孤独感
私の経験上、高齢者の独り暮らしは、女性のほうが多いのですが、孤独感が強いのは男性のようです。しかし、積極的に外に出て、他人との触れ合いを求める方は比較的問題が少ないのですが、引きこもりになる高齢者もいます。高齢者の引きこもりは、孤独死に繋がるケースが多く、とても重い課題です。
六．喪失経験
パートナーを亡くす、仕事がなくなるなどの喪失経験により、気分が落ち込んだり、食欲がなくなったり、家に閉じこもったりすることが多くなり、非活動的になります。

七．気力減退

何をするのもおっくうになる高齢者は多くいます。身体的能力の低下や薬などの影響もあると思われます。

こういった高齢者の一連の老化現象を、フレイルティといいます。虚弱という意味です。日本には老衰という言葉がありますが、的を得た表現です。医学的には、歳を重ねて日常生活動作に障害が現れてきた状態をさします。アメリカの老年学会では、フレイルティを「七五歳以上で日常生活に何らかのサポートが必要な集団」と定義しています。特に、大きな病気や障害がなくても七五歳を過ぎると加齢による身体の衰弱が増加してくるということです。そこに経済的問題を抱えた状態があると、適切な食事を摂取することができず、容易にフレイルティのサイクルにはまってしまいます。

【低栄養】

今まで述べたようなことが要因となり、高齢者は低栄養になりやすいことがお分かりいただけたと思います。私たちは、食べたものを消化し栄養素を吸収し日々命を繋いでいます。これを代謝といいます。低栄養とは、必要なエネルギー、栄養素が欠乏し、正常な代謝が侵された状態をいいます。ですから、健康な体を維持し活動するのが困難になります。

特に、高齢者はその割合が高く、日本では入院患者の約四割、在宅療養患者の約三割、外来患者にあっても約一割に特定の栄養素摂取が不足している栄養障害があるといわれています。栄養障害から低栄養状態となりそれが続くと、免疫能力が低下して感染症にかかりやすくなり、治りにくくなります。手術をしても合併症をおこしやすくなり、負のスパイラルに落ち込んでしまい容易に抜け出すことはできません。在院日数が伸び治療費も増加するなどお金もかかります。

また、高齢者は、加齢により、臓器が萎縮し（体の中は見えませんが、体内の臓器も着実に老化しているのです）、機能低下が進み、さらに栄養障害に陥りやすいのです。その上、経済的な困窮状態にあると、健康を維持増進したり病気を治したりするための必要なエネルギー、たんぱく質などの栄養素を含む食品を購入することが困難となり、ますます栄養障害が進み低栄養になりやすくなります。

第二次大戦後、食べ物に窮した日本人の栄養状態は極めて悪く、戦後は、エネルギーや栄養素の摂取を目的に、様々な行政的施策が講じられ、ララ[*1]やユニセフからの食料支援を受け、学校給食も再開されました。戦後経済復興と共に日本は急激な経済発展を遂げ食料事情は改善しました。しかし、それ故に、今度は、飽食や食べ過ぎによる生活習慣病の対策に頭を悩まされるようになりました。

さらに、医薬品や医療技術の進歩、公衆衛生、栄養状態の改善等々の恩恵も受け、高齢化も急速に進みました。

今後、超高齢化社会における栄養の問題として、健康寿命の延伸や介護予防の視点から、過栄養だけではなく、後期高齢者（七五歳以上）が陥りやすい「低栄養」「栄養欠乏」の問題の重要性が高まっています。脳卒中をはじめとする疾病予防の重要性は言うまでもありませんが、後期高齢者が要介護状態になる原因として無視できないものとして、「認知症」や「転倒」と並んで「高齢による衰弱」があるのです。

高齢者の低栄養予防は、わが国の待ったなしの最重要課題の一つであると言っても過言ではありません。

＊1　ララ物質とは、ララ（ＬＡＲＡ）アジア救援公認団体が提供した日本向け救援物資のこと。一九四六年一一月から一九五二年六月までに三三〇〇万ポンド余の物資が提供されたという。

第四章　世界と日本の食料事情と貧困の実態

一．食品ロスの多さ

フードバンク活動に主体者として取り組んで一〇年近くたちます。食品ロスに対する国の取り組みや国民の認識もこの間とても高くなっていると感じています。すでに述べましたように食品ロスは、事業系、家庭系合わせて二〇一四年度推計で六二一万トンあります。日本のお米の生産高が約八〇〇万トン／年（年によって変動はありますが、年々低下しています）くらいですから、約四分の三に当たる量を毎年廃棄している計算になります。しかし、主体者として食品ロスを取扱い、日々「もったいない」に取り囲まれていると、この数字は、我々の想像を超えた途方もないものであることを実感を持って痛切に知ることができます。今まで、各地で食品ロスのこと、フードバンクのことを講演してきましたが、講演の最後には、以下の言葉で話を締めくくることにしています。「こんなに食べられる物を廃棄していては我々は必ず地獄に落ちる」決して大げさではありません。他に適切な表現を見つけることができないからです。

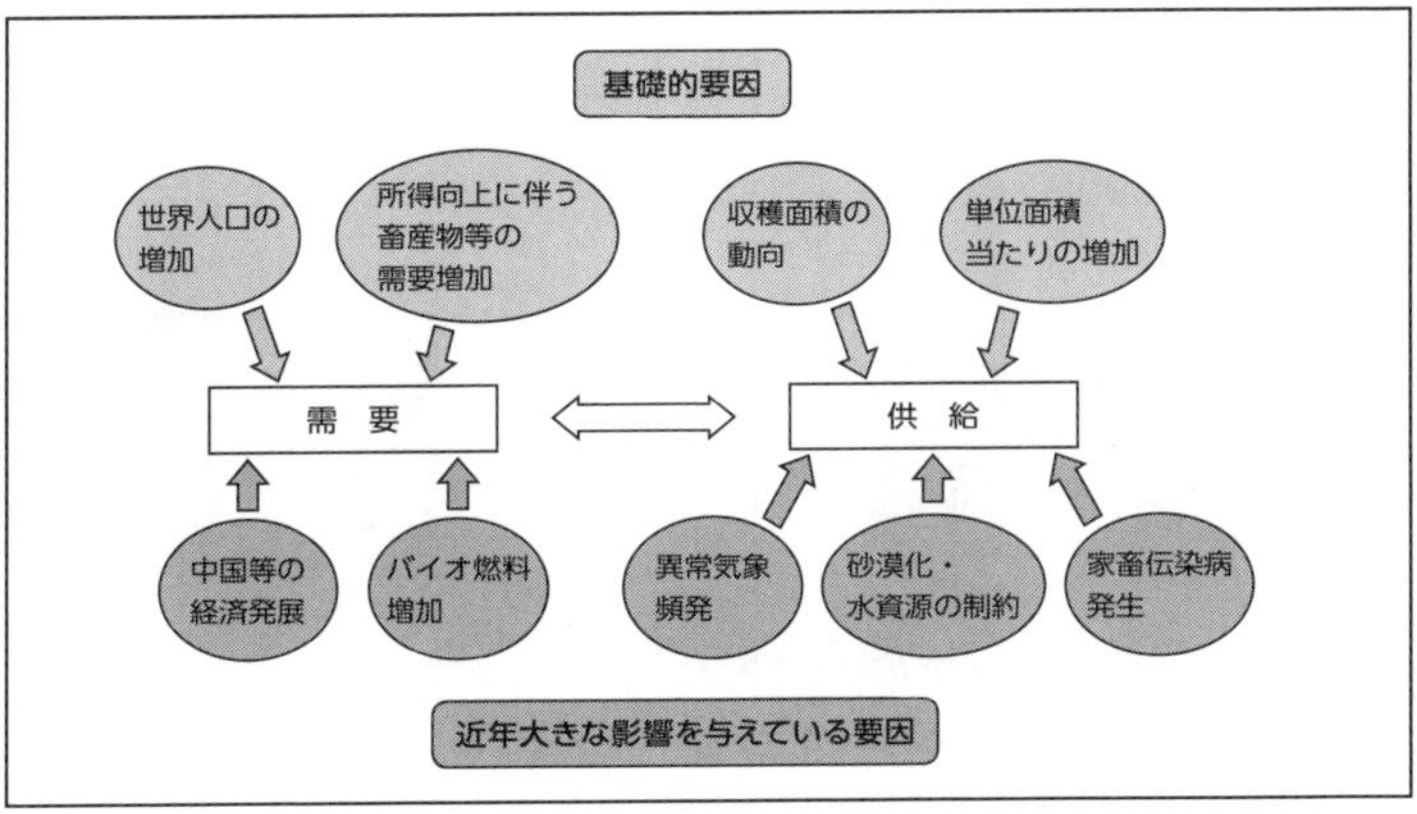

出所：厚生労働省「知ってる？日本の食料事情」2015

図 4-1　世界の食料需給の様々な影響

二．世界の食料事情

食品ロスの実態の話の前に、世界とわが国の食料事情を見ておく必要があります。食と農は切っても切れない関係にあり、農業の歴史は国の政策とのかかわりが多く、それらを少しは知らないと食品ロス削減は語ることができないと考えるからです。もちろん、農業の専門家でも歴史を研究しているわけではなく全くの門外漢ですので、語句に不備があったり妥当でない表現があるかもしれません。

二〇一五年に農林水産省から出された「知ってる？　日本の食料事情」を参照・引用し話を進めていきます。

最初に、世界の食料事情から。図４－１で示したように世界の食料需給は、人口、気候変動、紛争など様々な影響を受けます。

基礎的な要因として、需要面では「世界人口の増加」、「所得の向上に伴う畜産物等の需要増加」が挙げられ、供給

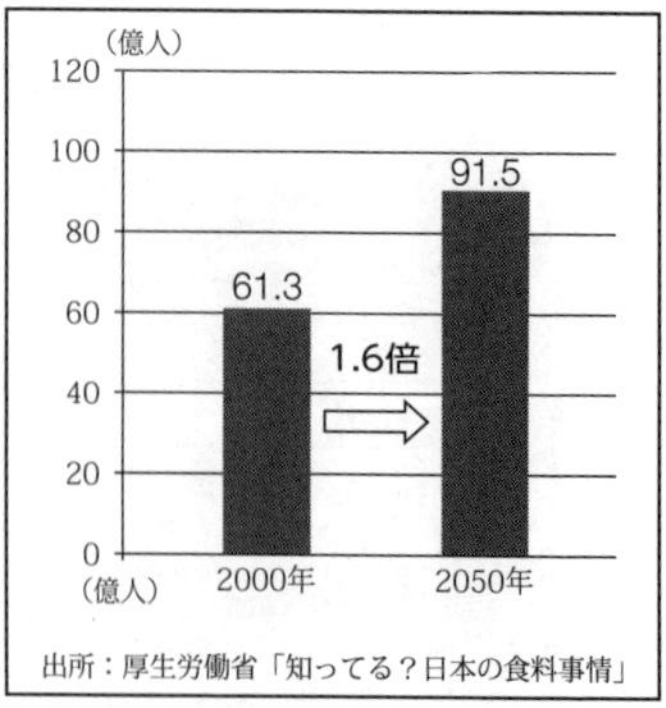

グラフ 4-1　世界の人口将来推計

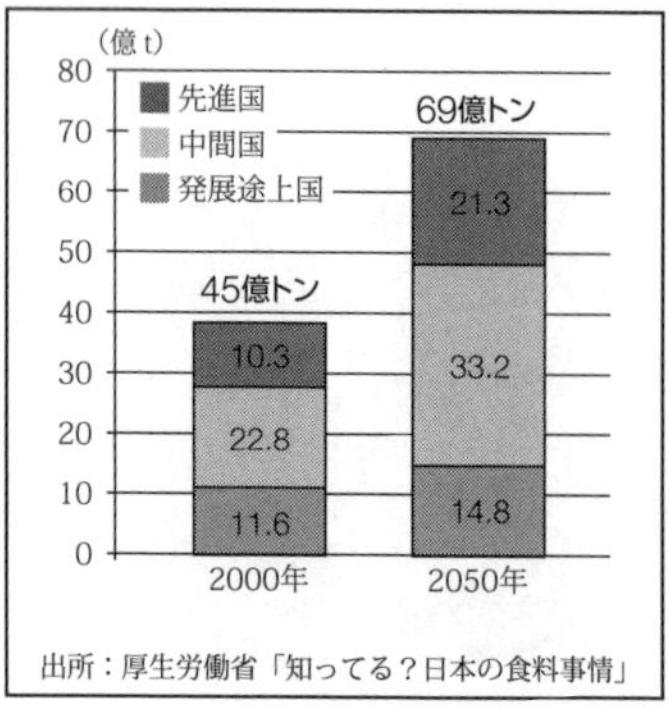

グラフ 4-2　世界全体の食料需要の変化

面では「収穫面積の動向」、「単位面積当たりの収穫量」が挙げられます。近年、大きな影響を与えている要因として、需要面では、「中国等の経済発展」、「バイオ燃料の増加」が挙げられ、供給面では「異常気象の頻発」、「砂漠化の進行・水資源の制約」が挙げられます。

グラフ４－１に示すように、世界の人口は、二〇〇〇年に約六一億人でしたが、二〇五〇年には約九六億人まで増加する見通しになっています。約一・六倍です。

それに伴い、グラフ４－２に示すように、世界の食料需要は、二〇〇〇年に約四五億トンでしたが、二〇五〇年には約六九億トンまで増加する見通しとなっています。

世界の穀物の生産量は、これまでは単位面積当たりの向上に支えられてきていましたが、近年は増加率が鈍くなっています。

今後も、先進国を除いた中間国や開発途上国の経済成長が予想されています。現に、中国や東南アジアなどでは経済が成長し、富裕層が増え食生活も豊かになっています。経済が成長し、国民一人あ

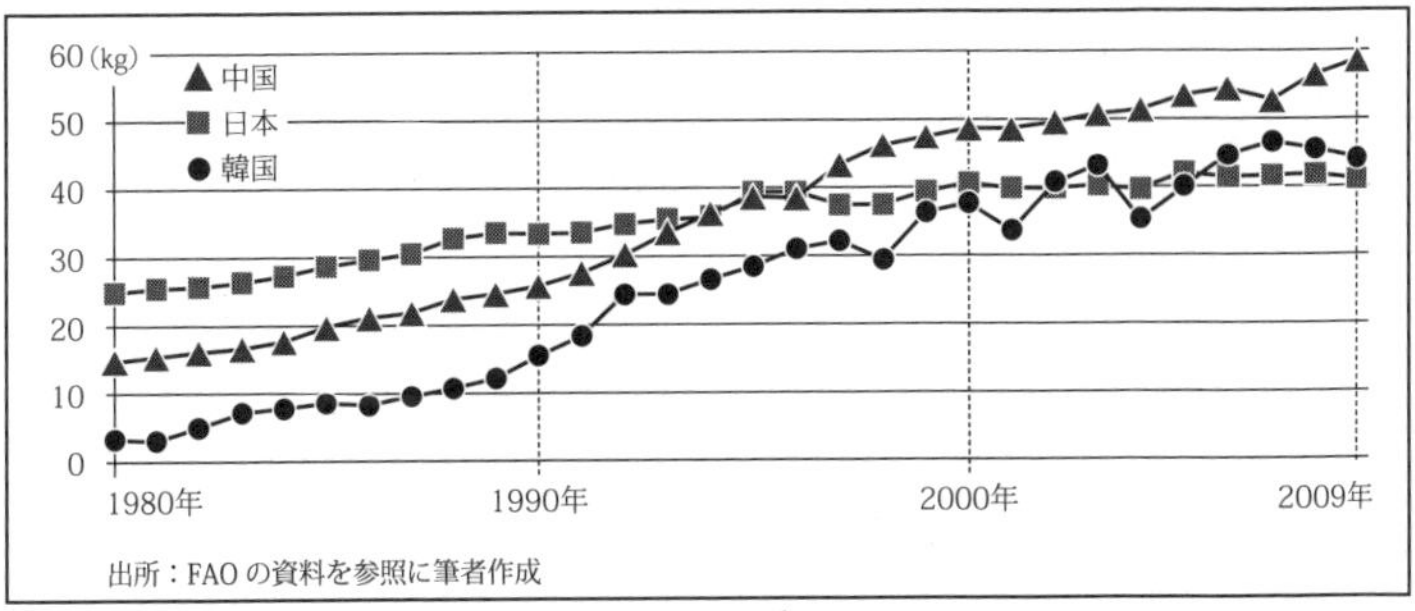

出所：FAO の資料を参照に筆者作成

グラフ 4-3　1人1年当たりの肉類消費量の推移

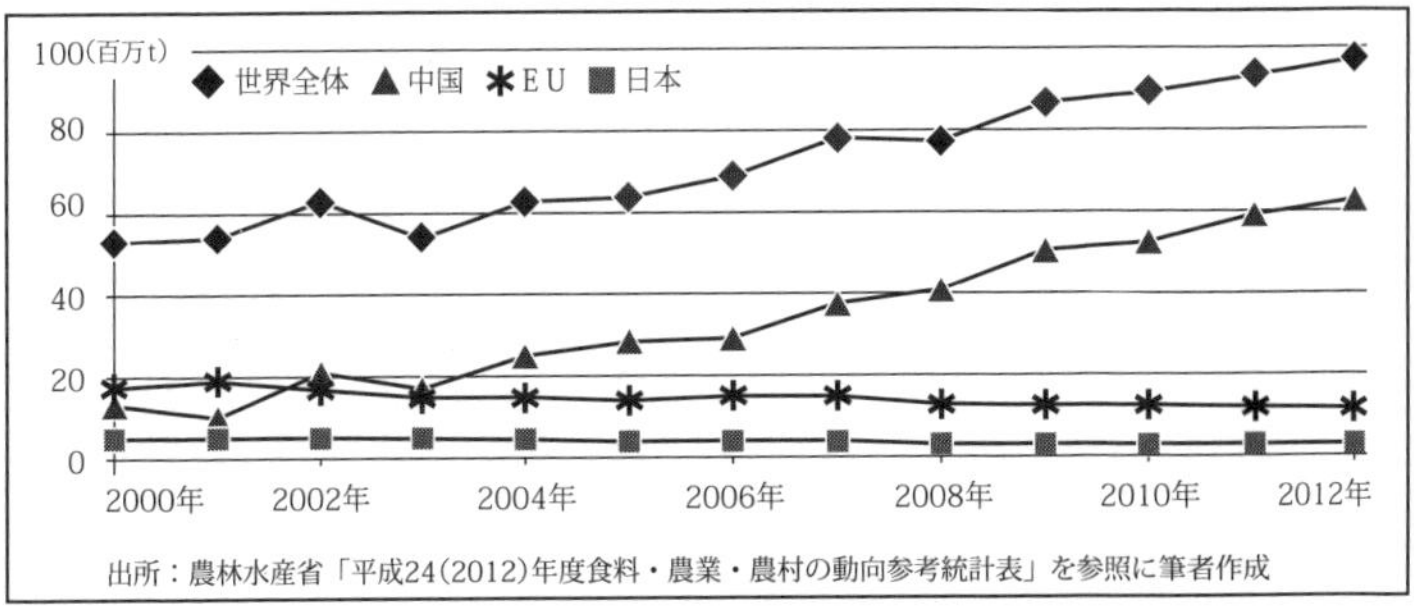

出所：農林水産省「平成24（2012）年度食料・農業・農村の動向参考統計表」を参照に筆者作成

グラフ 4-4　主要輸入国における大豆輸入量の推移

たりの所得が向上するにつれて、一人・一年あたりの肉類の消費量は増加する傾向にあります。（グラフ4－3）

肉類の生産には、その何倍もの飼料穀物を家畜に与える必要があります。農林水産省での試算（日本における飼養方法を基にしたとうもろこしによる試算）によると、牛肉一キロの生産に必要なとうもろこしは一一キロ、豚肉は七キロ、鶏肉は四キロとなっています。

日々、小売店で買い物をすると農産物の多くが中国産であることに気づきますが、劉氏・盛田氏[*1]によると、近年、中国では食肉の需要の伸びに伴う飼料としての大豆粕の需要増加、大豆製品に対する国内需要の急速な拡大、動物性油脂から

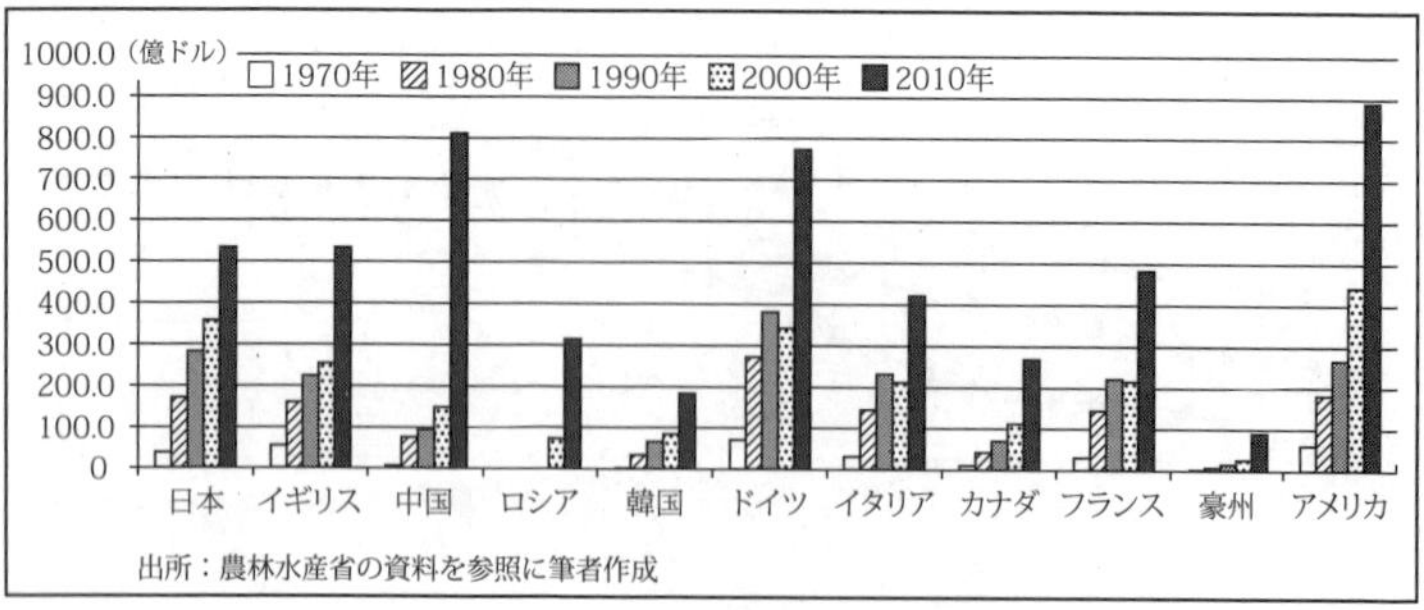

グラフ 4-5　主要国の輸入額推移

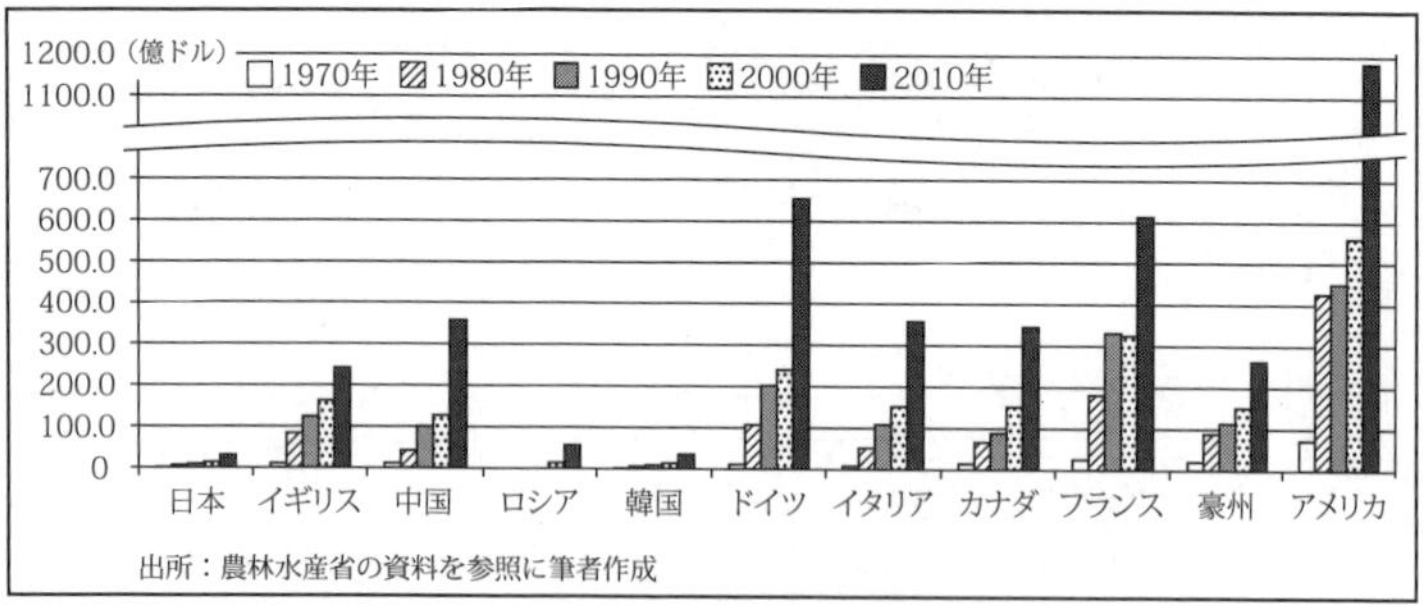

グラフ 4-6　主要国の輸出額推移

植物性油脂への嗜好の変化などによって大豆の需要が著しく増大しています。中国は世界最大の大豆輸入国となっている、と報告しています。グラフ4－4よりそのことが理解できます。

＊1　劉坤・盛田清秀「中国における大豆生産及び流通の現状と課題」農業経営研究 vol.46 No.2 p.90-91　二〇〇八。

三．わが国の食料事情

グラフ4－5、グラフ4－6より、主要国における農産物の輸出入額の推移をみると、アメリカやEU加盟国は、輸入、輸出の両方とも増加させてきましたが、わが国は、輸出額はほとんど増加せ

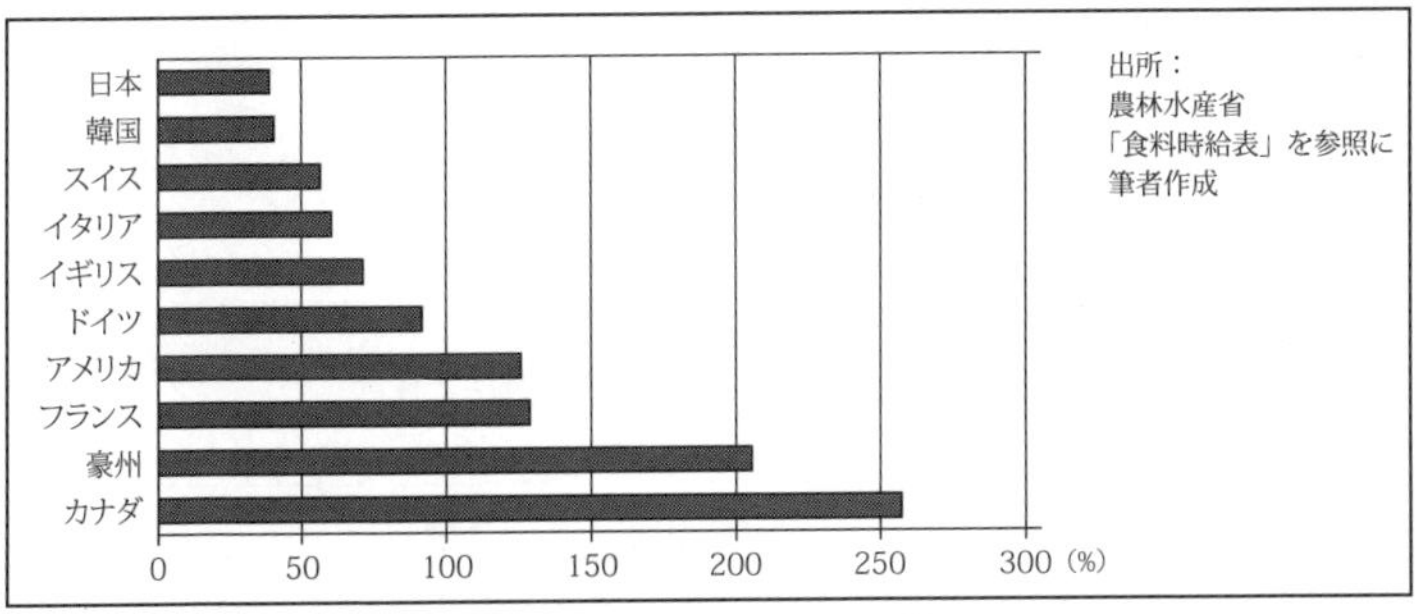

グラフ 4-7　主要国の食料自給率

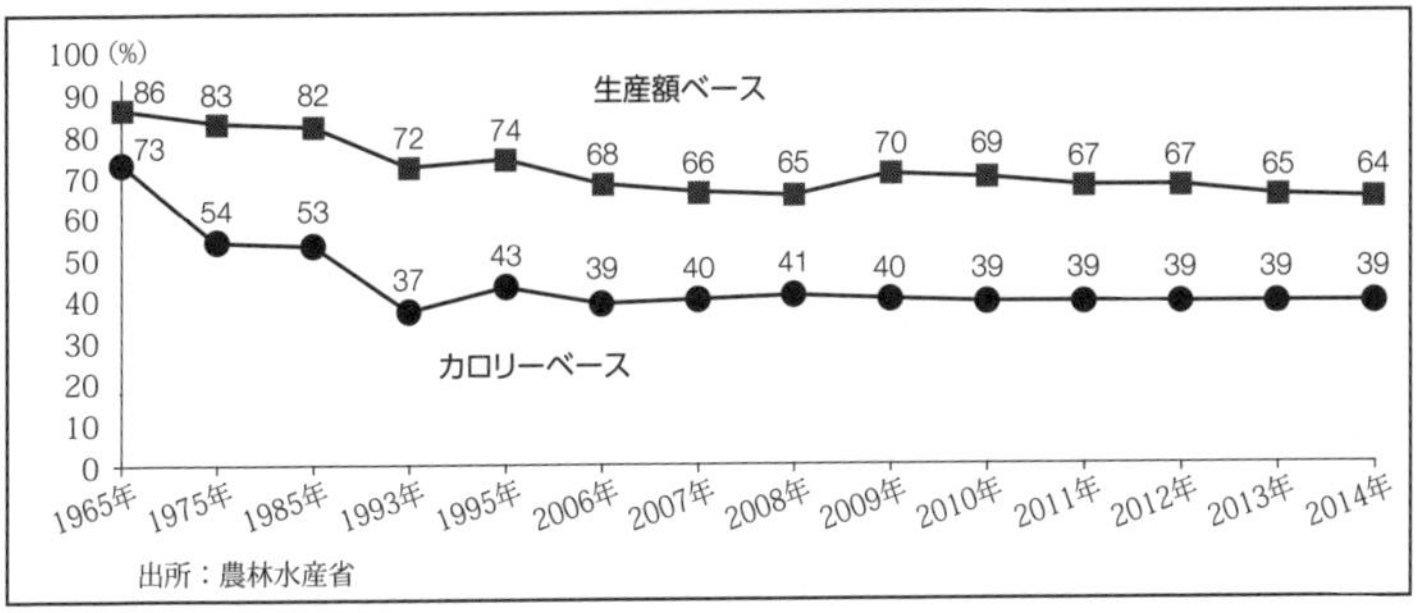

グラフ 4-8　日本の食料自給率の年次推移

ず、輸入額が一方的に伸びている傾向にあることが分かります。

グラフ4－7、グラフ4－8が示すように、日本は、主要国の中で食料自給率（カロリーベース）が一番低く、一九七三年には七三％だったものが、二〇一三年には、半分近くまで落ち込んでいます。その下げ幅は、主要国中群を抜いています。そのため、多くの食料を、外国から輸入しなければなりません。先に〈二．世界の食料事情〉で述べたように、気候や世界の様々な情勢に影響を受けやすい食料の多くを他国からの輸入に依存するのは、とても不安で危険なことです。気候のみならず、今世界で頻発している紛争やテロなども懸念材料です。食料が武

日本 2009年	アメリカ 2007年	EU (27ヶ国) 2007年	ドイツ	フランス	イギリス	豪州 2007年
1.9	198.1	13.5	45.7	55.8	58.8	3023.7

出所：農林水産省「耕地及び作付面積統計」　(単位：ヘクタール)

表 4-1　農家一戸当たりの農地面積　諸外国との比較

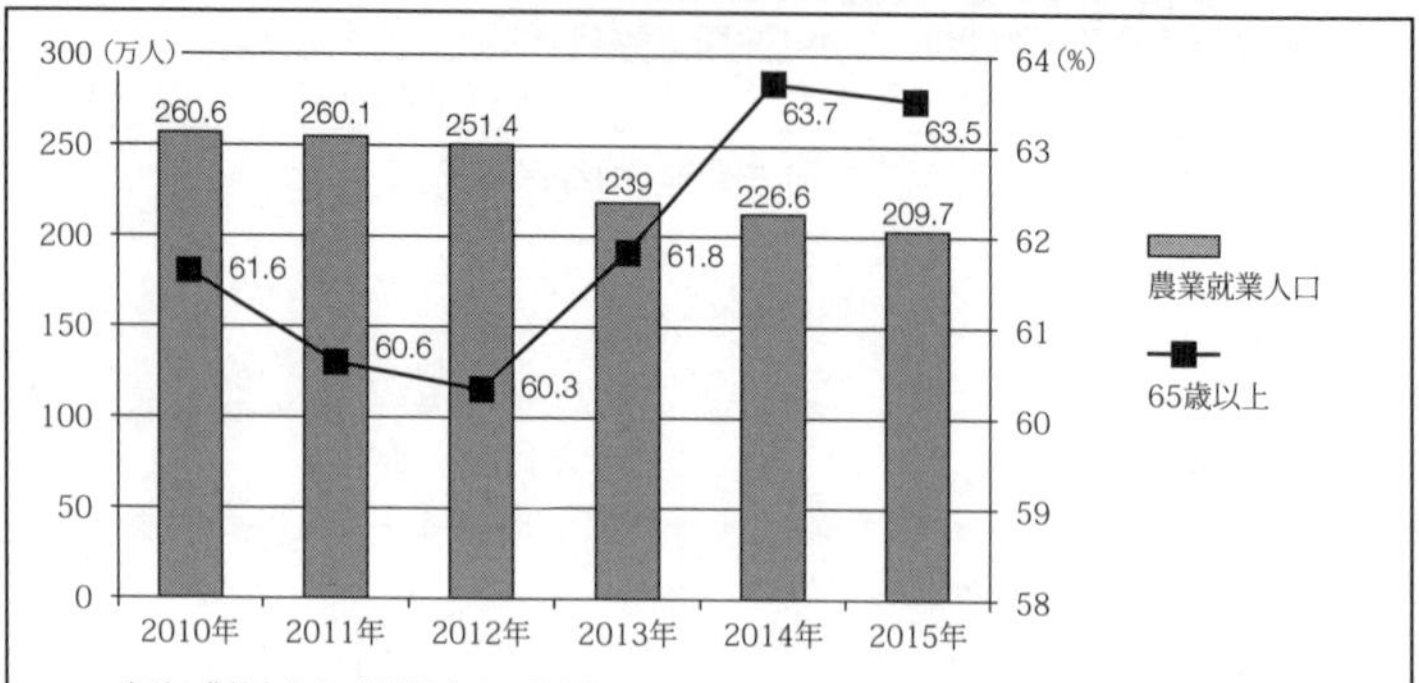

出所：農林水産省の資料を参照に筆者作成

グラフ 4-9　わが国の農業人口と65歳以上従事者の割合と年次推移

器に使われた歴史はたくさんあります。食料の補給ルートを絶ち、敵が根を上げるのを待つ、わが国では豊臣秀吉の兵糧攻めが有名ですが、古今東西人間が生きていくうえで必要な食料を狙うことは兵法の常でありました。

このように、わが国は、一たび、何かあれば、すぐに食料不足に陥り食うや食わずの時をいつ迎えても不思議はない状態にあるのです。

なぜ、そのようなことが起きたのか、いくつか要因を探ってみましょう。

まず、日本は国土が狭いうえに、その七〇%を森林が占めています。人口密度が高く、国民一人当たりの耕地面積はわずかに三・七アールです。

農家一戸当たりの農地面積を諸外国と比較すると、表4－1の表のようになります。

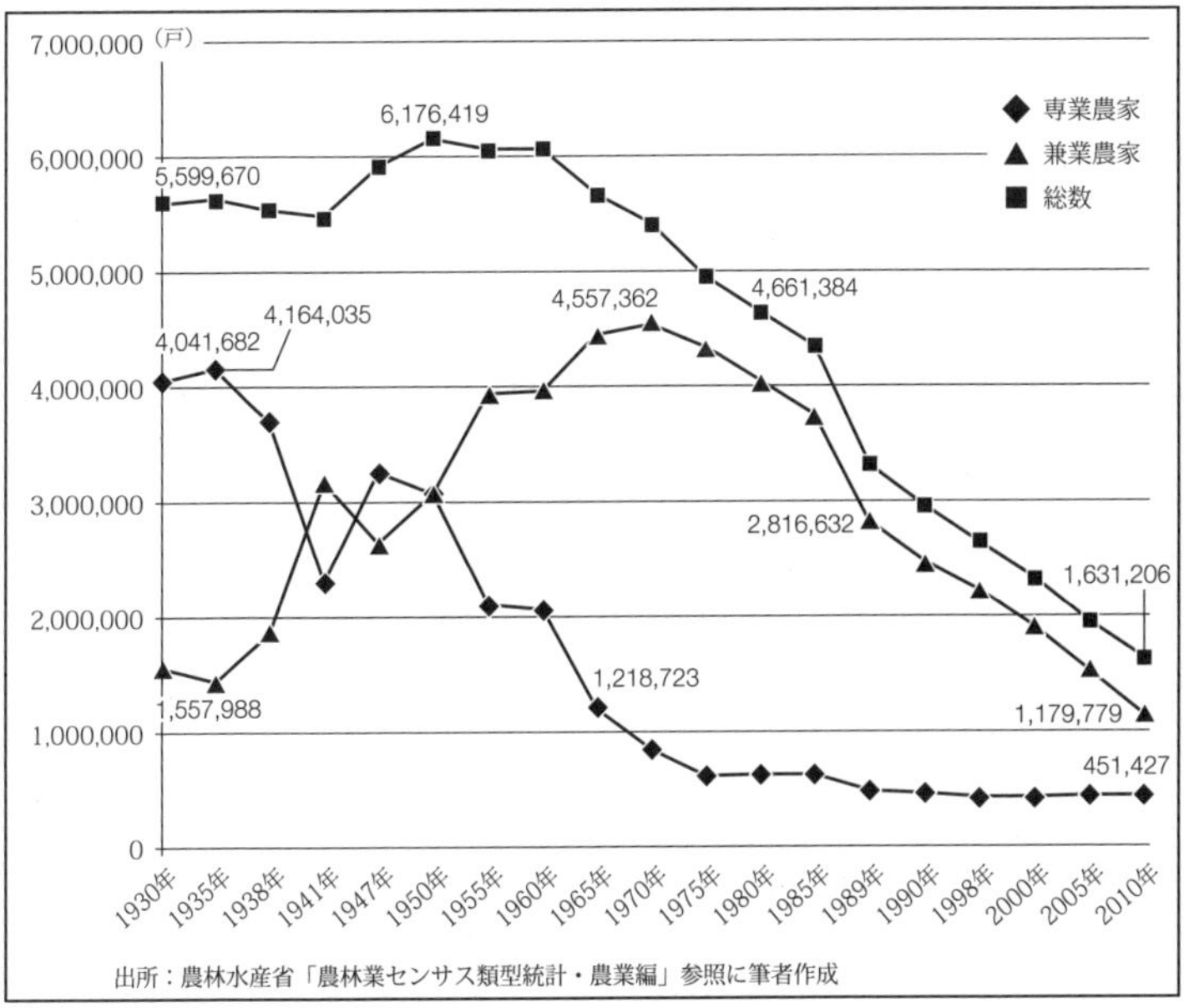

グラフ 4-10　専兼業農家数

しかし、食料自給率がこの五〇年間で、半分近くまで落ち込んだのは、耕作面積だけの問題ではありません。

グラフ４－９のグラフが示すように、農業に従事する人口は年々減少し二〇一〇年から五年間で五〇万人も減っています。二〇一二年から高齢者の従事する割合が増加傾向にあり、二〇一五年時点では従事者の六〇％以上が高齢者です。

四．近年のわが国の食をめぐる状況

日本経済が飛躍的に成長を遂げた時期は、一九五四（昭和二九）年から一九七三（昭和四八）年までとされます。第二次世界大戦により焦土と化した日本は、戦後の復興を重厚

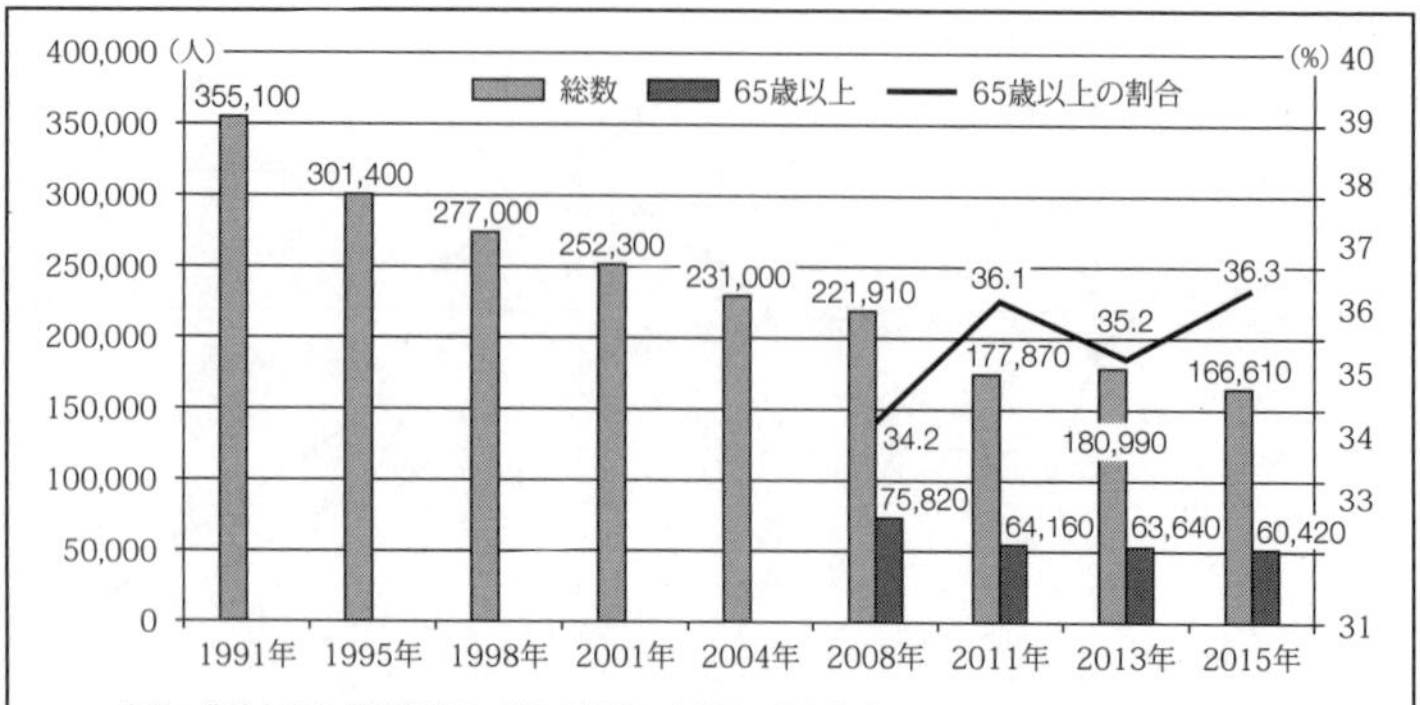

出所：農林水産省「漁業労力に関する統計」を参照に筆者作成

グラフ 4-11　漁業就業者数と65歳以上就業者との割合

長大の工業国への道をたどり果たそうとしました。「金の卵」と称され、農村から多くの若者が都会へと移り、日本の戦後高度成長とそれに伴う池田内閣の所得倍増計画を担う大きな役割を果たしました。このことを理解する手がかりとなるのがグラフ4－10です。

一九五二（昭和二七）年ころから急速に専業農家が減り、兼業農家は増えるものの、一九五五（昭和三〇）年頃から農家の総数は減少の一途です。一九六〇年代に増加した「三ちゃん農業」（働き手の男が都会に出稼ぎに出てじいちゃん、ばあちゃん、かあちゃんにより農業が営まれること）は流行語になりました。次に、グラフ4－11は漁業就業者総数と六五歳以上の数及び割合を示したものです。農業に劣らず、漁業に従事する労働者も減少し、高齢化が進んでいます。漁業は農業よりもさらに重労働のためか、高齢化率は農業の約半分近くです。

「鶏か卵か」の話になりますが、今までの食生活やライフスタイル、ニーズの変化、急激な経済成長により国民が豊かになり、引いては食生活にも影響し……日本の食料自給率は世界に類を見ないほど急激に減少したのです。それとはずしてはならないことは、農産物が貿易摩擦の解消に使われ、どんどん自由化が進んでいったことです。

私は、小学校六年生のとき愛媛県宇和島市に住んでいました。豊かな自然と温暖な気候に恵まれ、山々にはいたるところみかんが栽培され、秋になると、山はみかん色に染まります。高校三年生のとき、父の転勤で広島市に行きましたが、毎年、母の親しいみかん農家からたくさんのみかんが送られてきました。一九七二年にグレープフルーツが、一九九一年にはオレンジが自由化となり、生産過剰と生産調整など様々なことが複合的に作用し、みかん農家は激減しました。母の友人もみかん栽培を止めました。最近は、高齢化も影響し、廃業する農家も多いと聞きます。

二〇年も前の話になりますが、当時私は、「ヘルシーライフはお薬よりもお食事を！」を掲げた配食サービス事業に加わった経験があります。その時のメンバーである農家の方の言葉を、今も忘れることはできません。農家の担い手が減少していく現実に、こうコメントされました。「わしらはいいんです。何とか自分で食べるものは作れるから。困るのは、あんたら都会に住んでいる人たちじゃろう」

まさに、事態はこの農家の方の言われるとおりになりました。

ここで、食料自給率の説明をしましょう。

食料自給率とは、国内の食料の消費が、国産品でどの程度賄えているのかを示す指標です。わかりやすく言えば、日本で収穫できる食料で、どれだけの日本人の胃袋を満たすことができるかということです。

自給率には、品目別自給率と総合食料自給率があり、総合自給率には、熱量で換算するカロリーベースと金額で換算する生産額ベースの二種類があります。

よく使われるのは、総合食料自給率の内、カロリーベースです。「日本食品成分表」に基づき、食料の重量を供給熱量に換算したうえで、各品目を足しあげて計算します。

《一人一日当たりの国産供給熱量／一人一日当たり供給熱量》

例えば、私が、今日食べたすべての食料の熱量は、二，四一七キロカロリーでした。その内、国産品からの熱量は九五四キロカロリーでした。九五四キロカロリー÷二，四一七キロカロリー＝三九％　こういうことです。

日本の食生活は、明治維新以降、お米一日三合にお汁、野菜に漬物という従来の食事に、都会では、コロッケやトンカツなどが食卓にのぼるようになります。しかし、地方は、依然として雑穀のたくさん入った糧飯《かてめし》*2に汁に野菜、大豆製品とほとんど変化はありませんでした。が、それでもお米の生産高が多くなるなど、わずかずつではありますが、地方の食生活もそれなりに豊かになっていきました。しかし、日中戦争辺りから食料が窮乏し始め、第二次世界大戦後、日本人はひどい食料難に苦しみました。「冬が来るぞ！　餓死がくるぞ！　餓死対策国民大会」が日比谷公園で開催されるなど、当時の日本人の困窮ぶりがどれほど過酷なものであったかが推察されます。一千万人餓死すると噂されたほどでした。図４－２は、その大会のチラシです。

二〇〇八年暮れに湯浅誠氏が日比谷公園で行った「年越し派遣村」を思い起こします。

ところで、青春が戦中戦後と重なった私の母（一九二九年生まれ）は、当時のことをよく話します。「とにかく食べるものが何もなかった。食べることのできるものは何でも食べた。校庭には芋やかぼちゃを植えた。いつも食べることを考えていた」そして、最後にこう付け加えます。「英語はまったく教えてもらえなかった。ほとんど勉強ができなかった。授業はなく、軍需工場に手榴弾を作りに行ったり、敵兵を迎え撃つためなぎなたや竹やりの訓練をさせられた。戦争に多感な青春時代を奪われたばかりでなく、当然その年齢で学ぶべき知識を習得することができなかった。戦争は絶対いやだ」

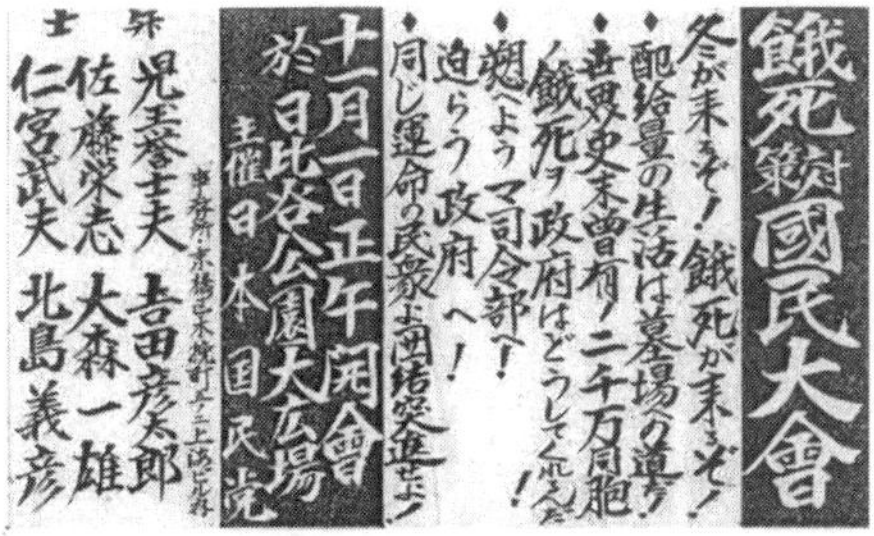

出所：http://www2.ttcn.ne.jp/heikiseikatsu/658000
（アクセス日　2016/11/11）

図 4-2　餓死対策国民大会のチラシ

日本人の困窮救済の為、日本の占領軍は、アメリカから小麦と脱脂粉乳を輸入しパンとミルクの学校給食が始まりました（当時、アメリカでは余剰脱脂粉乳を抱えていました）。一般家庭にもパンが登場し、戦後復興による経済成長もあり、日本の食卓は豊かになり、地方にも浸透していきました。それに一役買ったのが、日本食生活協会が造った栄養指導車「キッチンカー」です。後部のハッチを開くと調理台が現れ、冷蔵庫や食器棚、放送設備も備えられていて、山奥から離島まで、安くて栄養のある食事の作り方を教えて回り、一九五六年から一九六〇年末まで活躍しました。「キッチンカー」がやってくると、私も幼心に胸がわくわくした記憶が残っています。

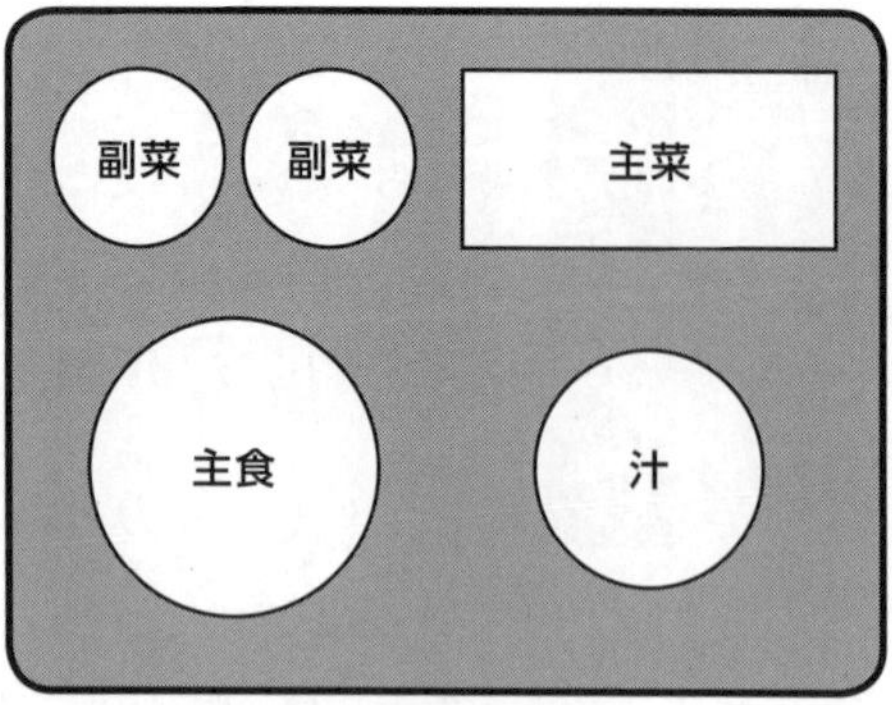

筆者作成

図 4-3　日本型食生活　配膳形式例

この事業は、アメリカからの資金で始まりましたが、アメリカが口を挟むことはほとんどなかったそうです。唯一の条件は「指導のための献立に最低一品は小麦を使うこと」でした。アメリカの海外小麦市場拡大戦略です。「米を食べるとばかになる」と公言した栄養学者がいたとかいうのもこの頃の話です。脱脂粉乳と小麦は、がりがりにやせ衰え、食べるものがほとんどなかった当時の日本人にとって、空腹を満たし栄養的にも大きな恩恵を与えたことは事実です。歴史は逆戻りすることができないので推測の域をでませんが、このことを契機に日本の食事が大きく変わり食料自給率低下の一つの引き金になったことは否めない

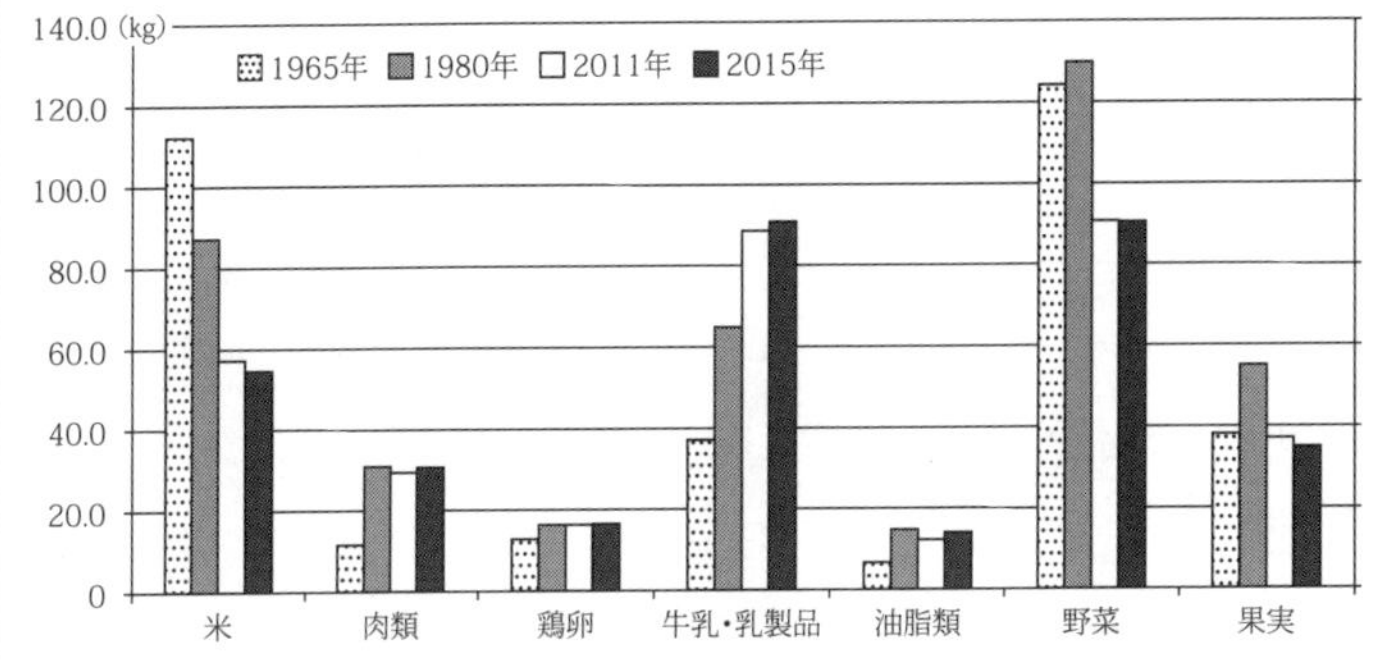

出所：農林水産省「食料需給表」を参照に筆者作成

グラフ 4-12　わが国の品目ごとの 1 人あたり年間供給量の推移

のではないでしょうか。

その後、一九八〇年頃は、旧来の日本食の欠点を補う形で、肉類や牛乳・乳製品が日本の食卓に上るようになり、非常にバランスのとれた日本型食生活ということで世界の注目を集めました（日本型食生活とは、従来の主食、主菜、副菜にお汁の食事様式であり、炭水化物、タンパク質、脂質からのエネルギーバランスがよい食事のことです。図４－３）。しかし、その陰には、先に述べたように貿易における農産物の自由化があり、食料自給率低下があります。

幼稚園のころ、昼ごはんを食べに家に帰り開口一番「おかずは何？」すると母が答えて「卵焼きよ」「嬉しい！」粗末な食事でしたが、周りの友達も似たようなもので、格段にわが家が貧乏だとは思っていませんでした。しかし、小学校の低学年ころから、電気炊飯器、テレビ、冷蔵庫、洗濯機がわが家にもやってきました。食卓にも、おかずが二品、三品と並ぶようになりました。田舎町にも、スーパーマーケットができ、だんだん物が増えていき、小学校高学年のころだと記憶していますが「砂糖の消費と文明度は相関する」「消費は美徳だ」だれかが私に教えてくれました。

グラフ4-12は、一九六五年から二〇一一年までのわが国の品目ごとの一人当たりの年間供給量の推移を表したものです。米の消費が極端に落ち込み、肉類、牛乳及び乳製品の消費が増加しているのがわかります。

＊2　米が貴重なので、わずかな米に、ひえ、粟、きびなどの雑穀や大豆、かぼちゃなどの野菜を入れて炊いた飯のこと。

五．わが国の食品ロスの実態

食品ロスは大きく分けて食品関連事業系（製造メーカー、流通、小売りなど）と一般家庭系の二つに分けられます。

二〇一四（平成二六）年農林水産省によると、食品リサイクル法における廃棄物処理法等による食品廃棄物の量は、事業系が一，九五三万トン、廃棄物処理法における食品廃棄物は家庭系が八二二万トンあります。この中には、りんごの芯や魚の骨など廃棄せざるを得ない物も含まれていますので、それらを除くと、わが国の食品ロスは、事業系が三三九万トン、家庭系が二八二万トン、

	食品ロスとなっているもの	
食品メーカー	•1/3ルール[*3]により期限を超えた食品を返品 •新商品の販売やパッケージなどの企画が変更されたため店頭から撤去された食品の返品 •製造工程で発生する印刷ミスなどの食品 •パッケージが凹んだり破れたりして規格外になった食品 •重量の過不足の食品など	339万トン
小売店	•新商品の販売やパッケージなどの企画が変更されたため店頭から撤去された食品 •店独自で決めている販売期限を超えた食品 •パッケージが凹んだり破れたりした食品	
飲食店	•客の食べ残し •客に提供できなかった仕込済みの食品	
家庭	•調理の際に食べられる部分を捨てている過剰廃棄 •作ったけど食べずに廃棄する食べ残し •冷蔵庫に入れたまま賞味期限や消費期限が超えた手つかずの食品	282万トン
	合計	621万トン

表4-2　食品ロスが発生する理由　　出所：政府広報オンラインを参照に筆者作成

合わせて六二一万トンになります。これは、世界全体の食料援助量の約二倍であり、国民一人一日当たり、約一三六グラムのご飯を廃棄していることになります。Lサイズの卵が一個約六四~七〇グラムですから、二個分くらいに相当します。

　食品ロスがでる理由としては、事業系、家庭系で違いがあります。主なものを表4－2にまとめました。

＊3　法律ではない。食品業界の商習慣。賞味期限を三区分し、最初の三分の一までを小売店への納品期限、次の三分の一を消費者への販売期限としている。期限を過ぎると返品や廃棄になる。

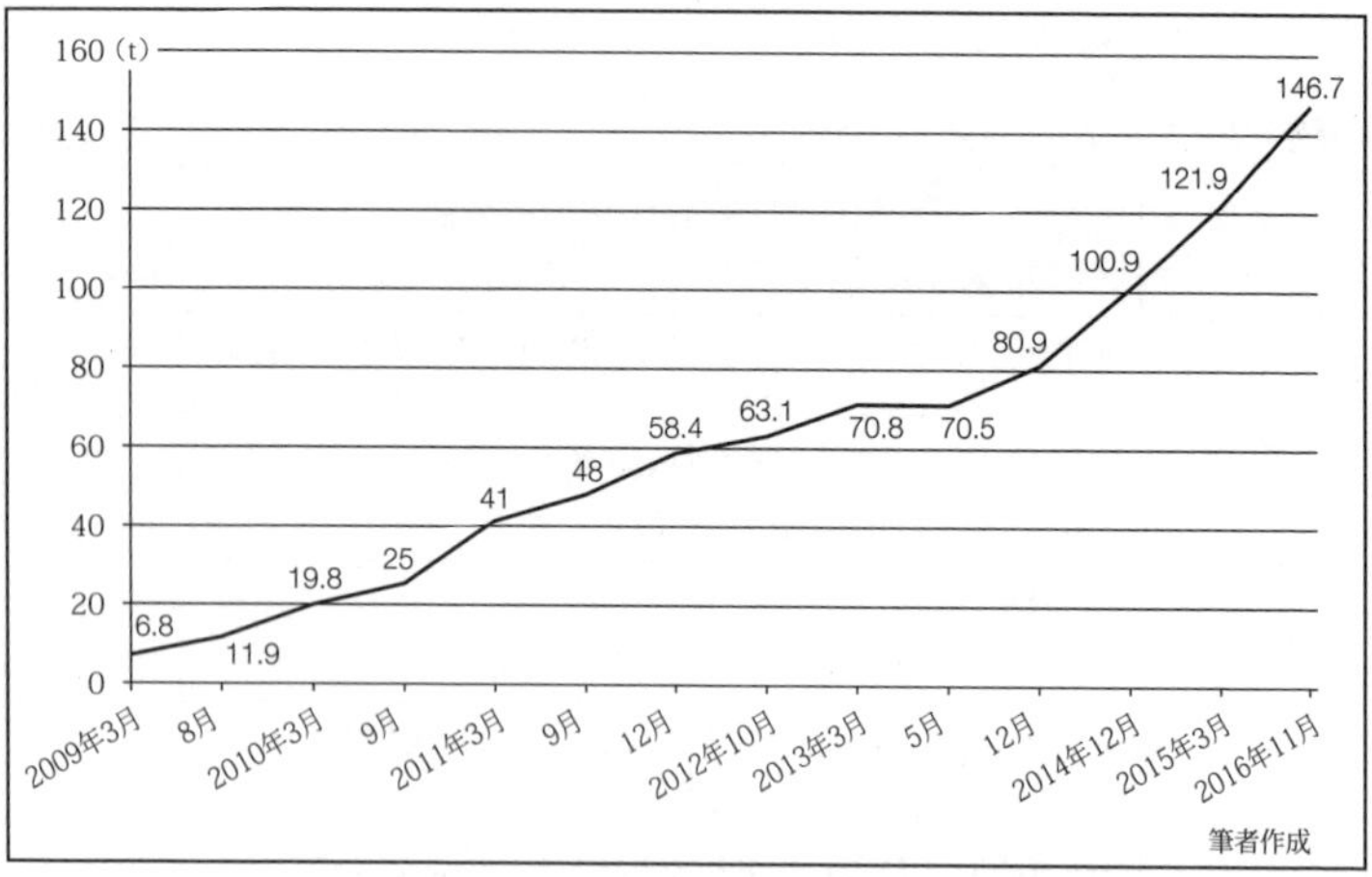

グラフ 4-13 「あいあいねっと」が取り扱った食品量（累計）

六．「あいあいねっと」に提供された食品

グラフ４－13は、「あいあいねっと」が取り扱った食品量です。活動を開始して、ずっと増え続けています。依頼があっても取り扱い不可能[*4]な場合は、断ることがあります。

次に、実際に「あいあいねっと」が受け取った食品ロスの種類と理由です。

写真４－１

小売店では、賞味期限以外に、店独自の販売期限を設けているところが多くあります。賞味期限内でも販売期限が過ぎると廃棄されます。

写真４－２

季節限定の商品は、その時期や期日が過ぎると廃棄されます。これは、正月商品です。正月明けに、「あいあいねっと」に提供されました。

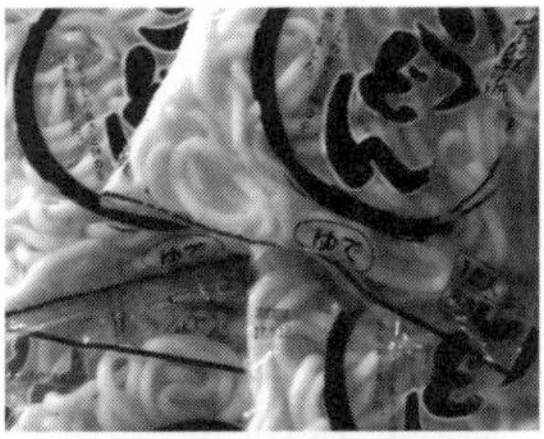

写真4-5　写真4-1
写真4-6　写真4-2
写真4-7　写真4-3
　　　　　写真4-4

写真4－3

小売店で店頭に置いておくと、何らかの原因でパッケージが破れたり、穴が開いたりします。米は、小さなホールから、どんどんこぼれていきます。ガムテープを貼ったまま売るわけにはいかず、廃棄されます。

写真４－４

農家から提供されたほうれん草です。人手が足りず、一週間収穫できず、育ちすぎたため、出荷できません。そこで、「あいあいねっと」に提供。

写真４－５

生産ラインで、どうしても出てくる不良品です。表示されている量より多い又は少ない、印字ミス等々。工場直送で、「あいあいねっと」に提供されます。

写真４－６

家庭菜園で採れた大根、白菜などの野菜です。我々の活動に賛同し提供してもらいました。

写真４－７

真中が星型にくりぬかれたにんじんです。真中が利用されるカット野菜になります。カット野菜にすると、使う部分に比べて廃棄する部分は三倍にもなるそうです。他にも、じゃが芋、南瓜、さつまいもなどが多く提供されます。

食品関連企業から「あいあいねっと」に提供される食品は、他にもまだまだたくさんあります。

理由も様々です。列記してみますと

【食品関連事業】

・賞味期限と製造年月日のパッケージへの印字を間違えて機械を操作したため、気が付いたときは、売り物にならない商品が山のようにできてしまった（海苔のメーカー）。

・配送途中にパッケージが破けた、急に注文が入ったなど不測の事態に備え、どうしても必要量より余分に製造してしまう。たくさんの種類を作っているので、合わせるとものすごい量になる（パンのメーカー）。

・食品関連企業ではありませんが、最近は、東日本大震災・福島原発事故以降、防災備蓄食品を準備する企業が増え、防災備蓄の食品の提供が増えています。賞味期限が切れる前に提供されます。

【個人の方】

・家庭菜園でたくさんできたので、「あいあいねっと」の趣旨に賛同して。

・お中元やお歳暮などでもらったけど、使わないから・量が多すぎるから。

などなどです。

＊4　「あいあいねっと」のスタッフは女性が中心。しかも高齢者が多いので、飲料などの重たいものは取り扱い困難なので断ることがある。

	賞味期限	消費期限
意味	おいしく食べることができる期限。この期限を過ぎても、すぐに食べられないということではない	期限が過ぎたら食べないほうがよい期限
表示	三か月を超えるものは、年月で表示し、三か月以内のものは年月日で表示	年月日で表示
対象食品	スナック菓子、カップめん、レトルト食品、ハム・ソーセージ、卵、牛乳[*5]	弁当、サンドイッチ、生めん、惣菜、ケーキなど

出所：政府広報[*6]オンラインより　消費者庁「もったいないをへらそう」

表 4-3　賞味期限と消費期限の違い

七、賞味期限と消費期限の違い

賞味期限と消費期限のことに関して説明します。

表４－３から賞味期限は比較的食べられる期間が長い食品に表示されています。賞味期限が過ぎたからすぐに食べられないわけではありません。賞味期限が過ぎたら、目で見て匂いをかいで等々自分の五感で判断してください。

「あいあいねっと」に食品を提供する企業の社長からこのような話を聞いたことがあります。「賞味期限は、短いほうが消費者の受けがよいようなので、実際は、半年持つような物でも賞味期限を前倒しして表示しています。結構多くのメーカーが行っていますよ」賞味期限が短いということは、保存料を使用していないので安心安全な食品と消費者が解釈するのでしょうか。

消費期限は、お弁当や惣菜、サンドイッチなど劣化が早い食品に表示されます。過ぎたら食べないほうがよいです。

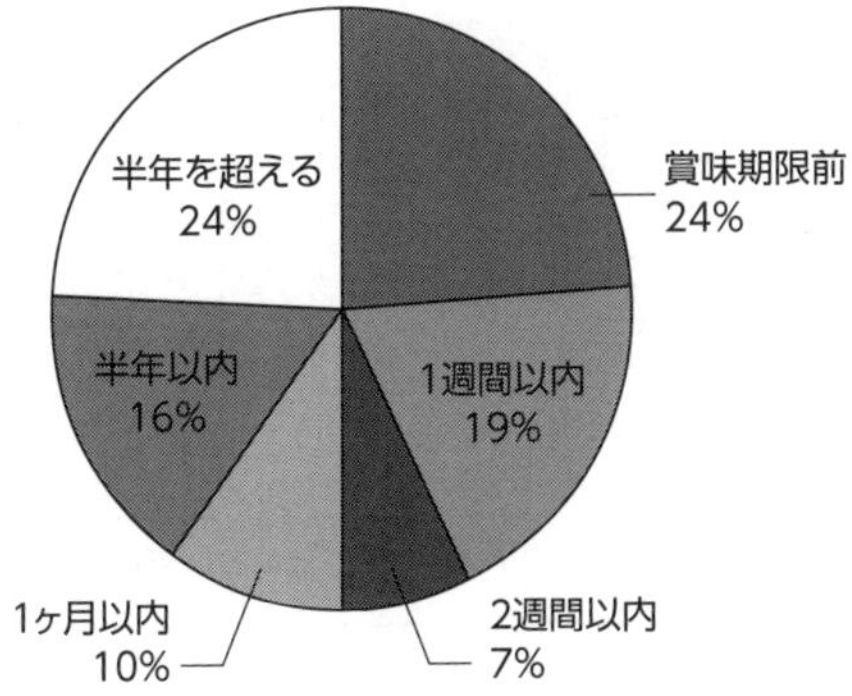

出所：農林水産省「食品ロス削減に向けて」

グラフ 4-14
手付かずで廃棄された食品の賞味期限内訳

食べるとお腹をこわしたり食中毒の原因になる危険性があります。

グラフ４－14は、家庭で手つかずで廃棄された食品の賞味期限の内訳です。賞味期限内が約四分の一を占めています。その理由は明確ではありませんが、情けないと言うよりやるせない思いになります。私には、二人息子がいます。彼らがわが家に来ると、急にごみが増えます。パッケージを見て、賞味期限が近づいているとそのまま捨ててしまうのです。

グラフ４－15は、世帯における食品ロス率の年次推移です。わずかずつですが減少しています。二〇一三年から始まった食品ロス削減国民大運動の効果が表れているのでしょうか。

グラフ４－16は、食事管理者（主に食事を用意する人のこと）の年齢階層別食品ロス率を表したものです。

食品ロス率は「六〇歳以上」が四．四％、次いで「二九歳以下」が四．二％となっています。過

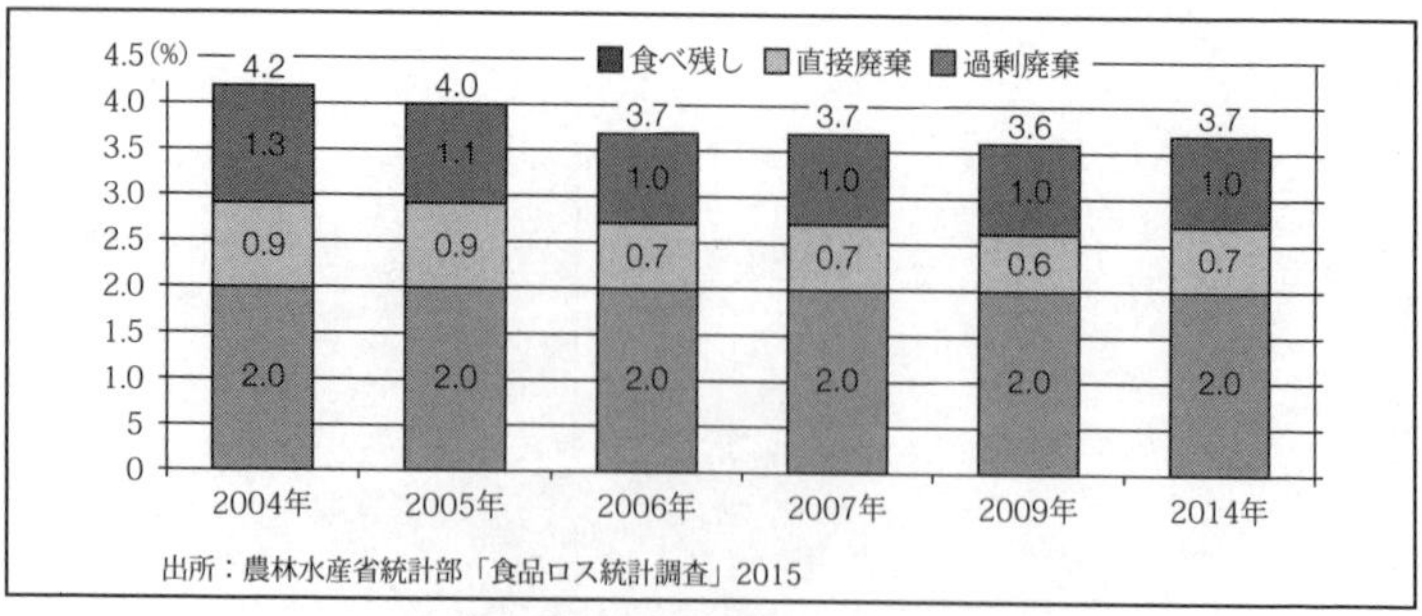

グラフ 4-15　世帯計における食品ロス率の年次推移

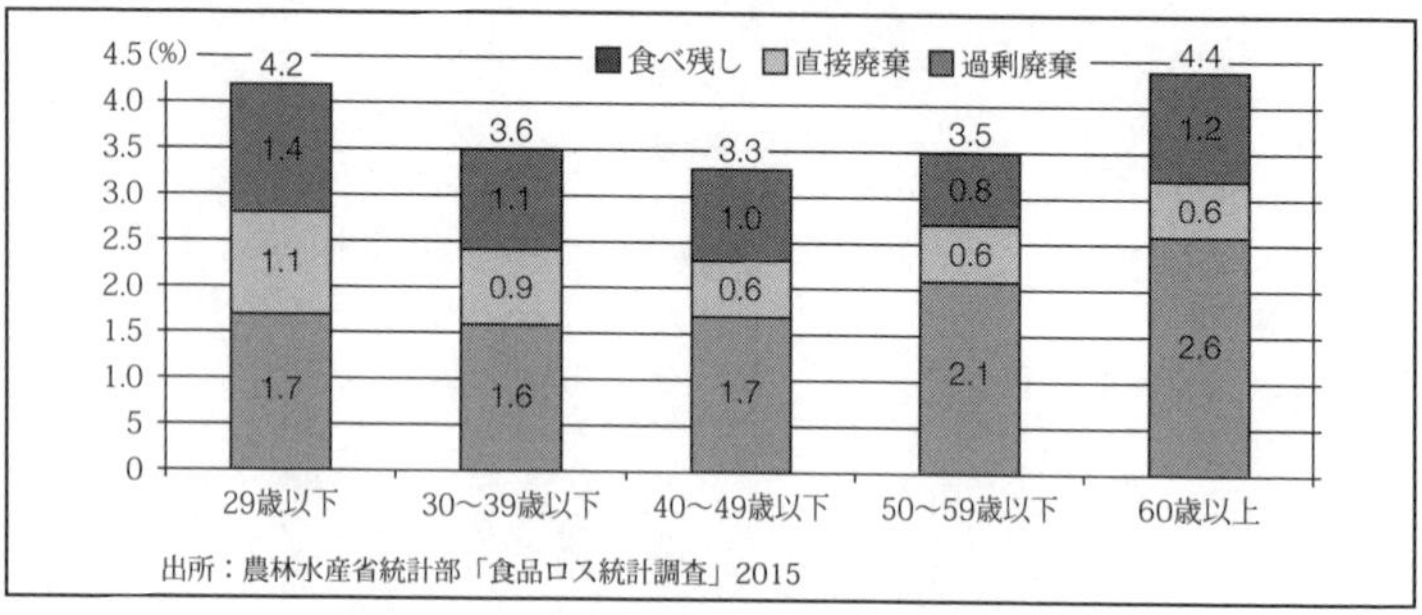

グラフ 4-16　食品管理者の年齢階層別食品ロス率

剰廃棄が一番多いのが「六〇歳以上」で、食べ残しが一番多いのは「二九歳以下」です。「三〇歳から四九歳以下」で食品ロス率が低いのは、教育費や家のローンなどを抱える世代で、なるべく無駄をなくそうとしているのかもしれません。以前、子育て世代の支援をしている人から、この世代は収入は低く、子どもの教育費や家の購入、ローンなど将来に向けて貯蓄をしなければならないのでつましい生活をしていると聞きました。意外なのは、「六〇歳以上」の食品ロス率が一番高いことです。食料難を経験した人が多く、どの世代よりも「もったいない」精神を持っていると思われるのですが。ただ、高齢になると、身体能力の低下で、手の

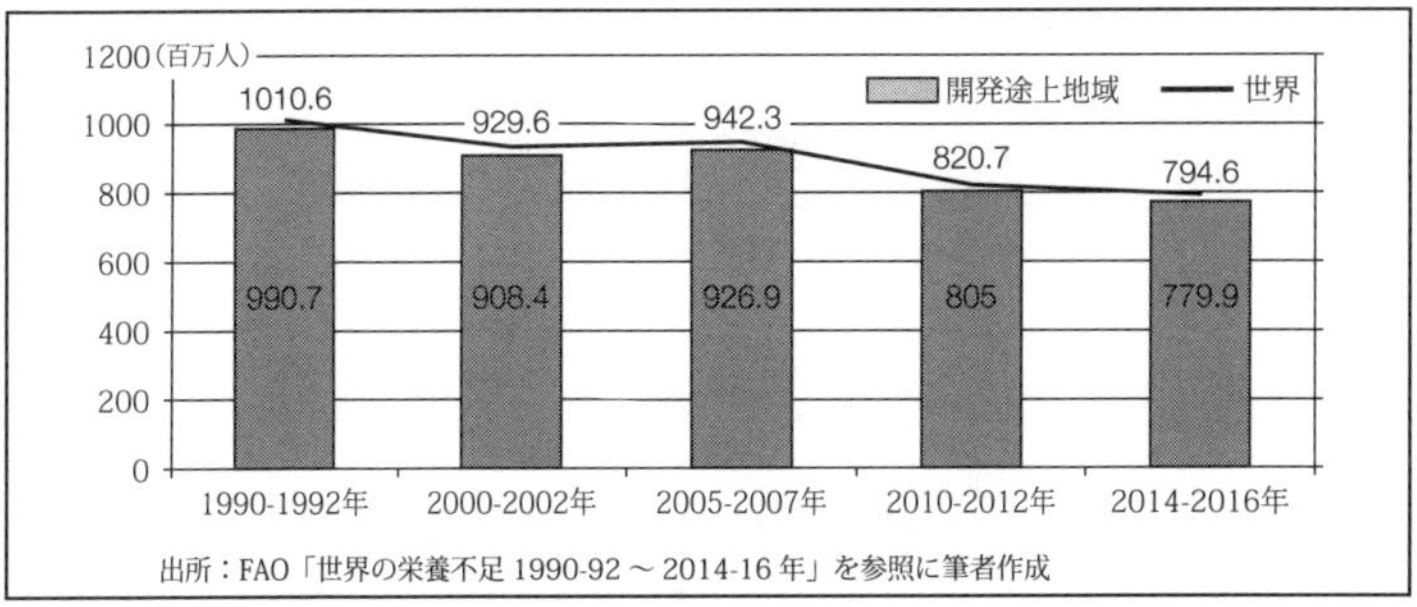

グラフ 4-17　世界全体と開発途上地域の栄養不足人口の推移

動きが悪い、よく見えないなどの理由で野菜の皮を厚くむきすぎてしまう、肉の脂身は体に悪いと思い込んでいる人が多いことなどがあるかもしれません。

＊5　牛乳の期限表示は二種類あり、超高温殺菌した牛乳は長持ちするため「賞味期限」が、低音殺菌牛乳は「消費期限」が記載される。

＊6　http://www.gov-online.go.jp/useful/article/201303/4.html#anc05（アクセス日　二〇一七年五月三一日）。

八．世界の食品ロス

国際連合食料農業機関によると、世界の食品ロスは世界の生産量の三分の一にあたる約一三億トン／年あり、二〇一三年九月には、食品廃棄物の環境への影響に関する報告書を発表し、食品廃棄物にかかる経済的コストは約七五〇〇億ドルとしています。一ドル＝一一一円[*7]で換算すると日本円で約八三兆円です。気が遠くなるような数字です。

グラフ4－17は、世界の栄養不足の人口の推移です。飢餓に苦しんで

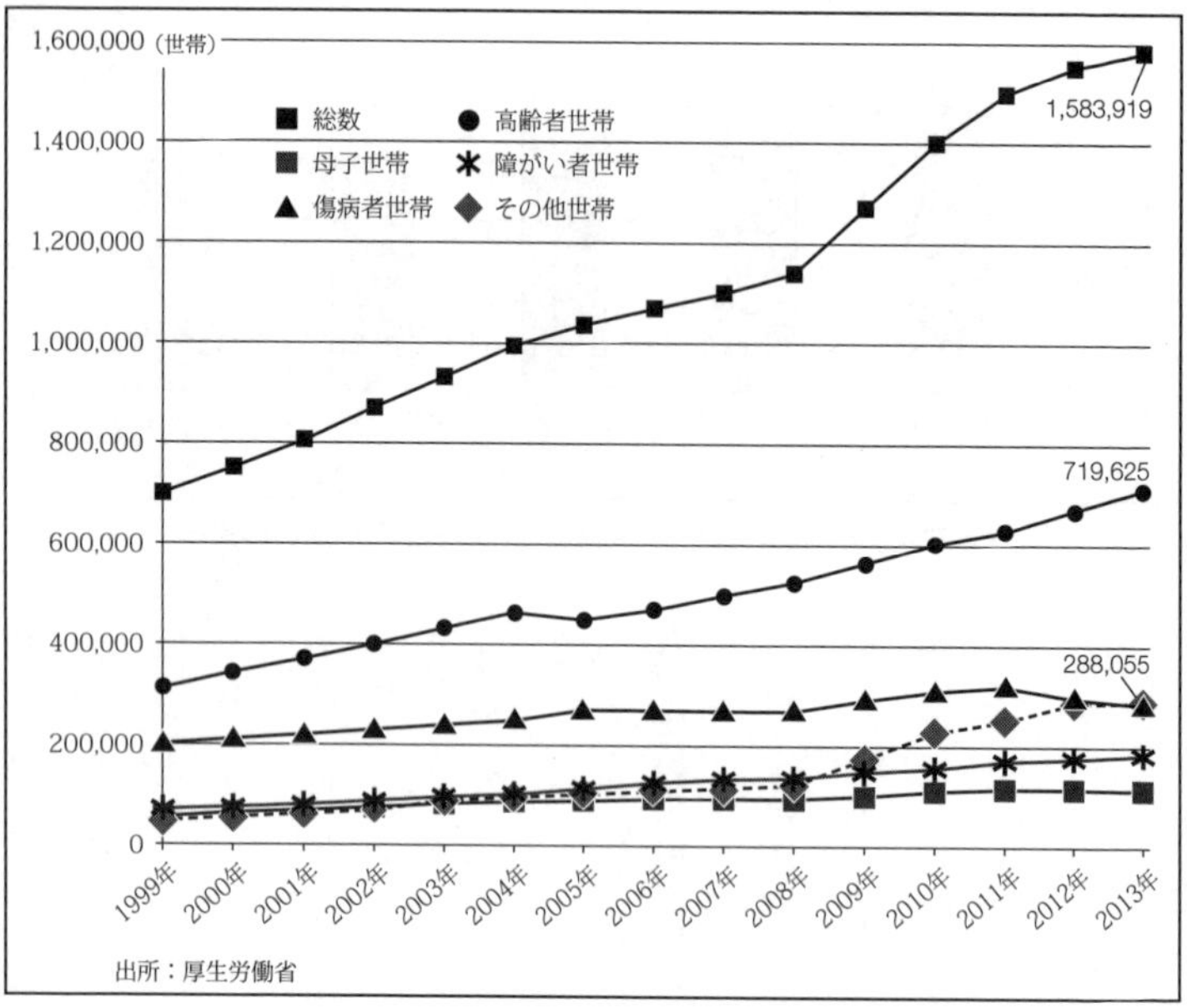

グラフ 4-18　世帯類型別被保護世帯数の年次推移

いる人は減少しつつあるものの、今も八億人近くの人たちが健康な生活を送るのに必要な食料に窮しており、これは九人に一人の割合になります。また、世界の栄養不足の人たちのほとんどが開発途上国・地域[*8]に集中しています。

＊7　二〇一七年五月三一日のレート。
＊8　世界銀行によって開発途上国・地域と評価された国及び地域。

九．労働者の貧困と格差拡大

グラフ4－18は、わが国の世帯類型別被保護世帯の年次推移です。年々生活保護世帯数が増加しています。その主な要因は高齢者とその他世帯[*9]の保護世帯数の増加です。メディアなどで、高齢者の貧困の問題がクローズアップされていますが、データからもそのことが理解できます。

「あいあいねっと」が支援している社会福祉協議会にも、少ない年金だけでは生活が苦しいので、年金支給日のつなぎに食料を受け取りに来る高齢者がいます。

その他世帯の中には、派遣切りなどにより急に職を失い収入がなくなった者や非正規雇用のため所得が低く生活保護を受給している者が含まれます。二〇〇七年頃から、受給者数が急に増加しています。アメリカに端を発したリーマンショックが大きな原因です。派遣切りという言葉は、私は、この時初めて耳にしました。

高橋氏[*10]は、労働CSR（Corporate Social Responsibility）[*11]という視点で、企業の社会的無責任が、経済のグローバル化により国際競争力を増すことを口実に、正社員の絞込みと非正規労働者への置き換えを進め雇用不安を増幅させ、貧困と格差拡大を推し進めたとしています。総務省統計局労働力調査（平成二八（二〇一六）年七月〜九月）の雇用形態によると、正規の職員・従業員は三，三六〇万人と、前期同期に比べ三二万人の増加で七期連続増加しましたが、非正規の職員・従業員は二，〇二五万人と、五四万人の増加で一五期連続の増加と報告されています。

グラフ4－19は、世帯類型別被保護世帯構成比です。生活保護受給世帯の内、それぞれの世帯が全体に占める割合を示しています。高齢者世帯、母子世帯、障がい者世帯はあまり変わっていませ

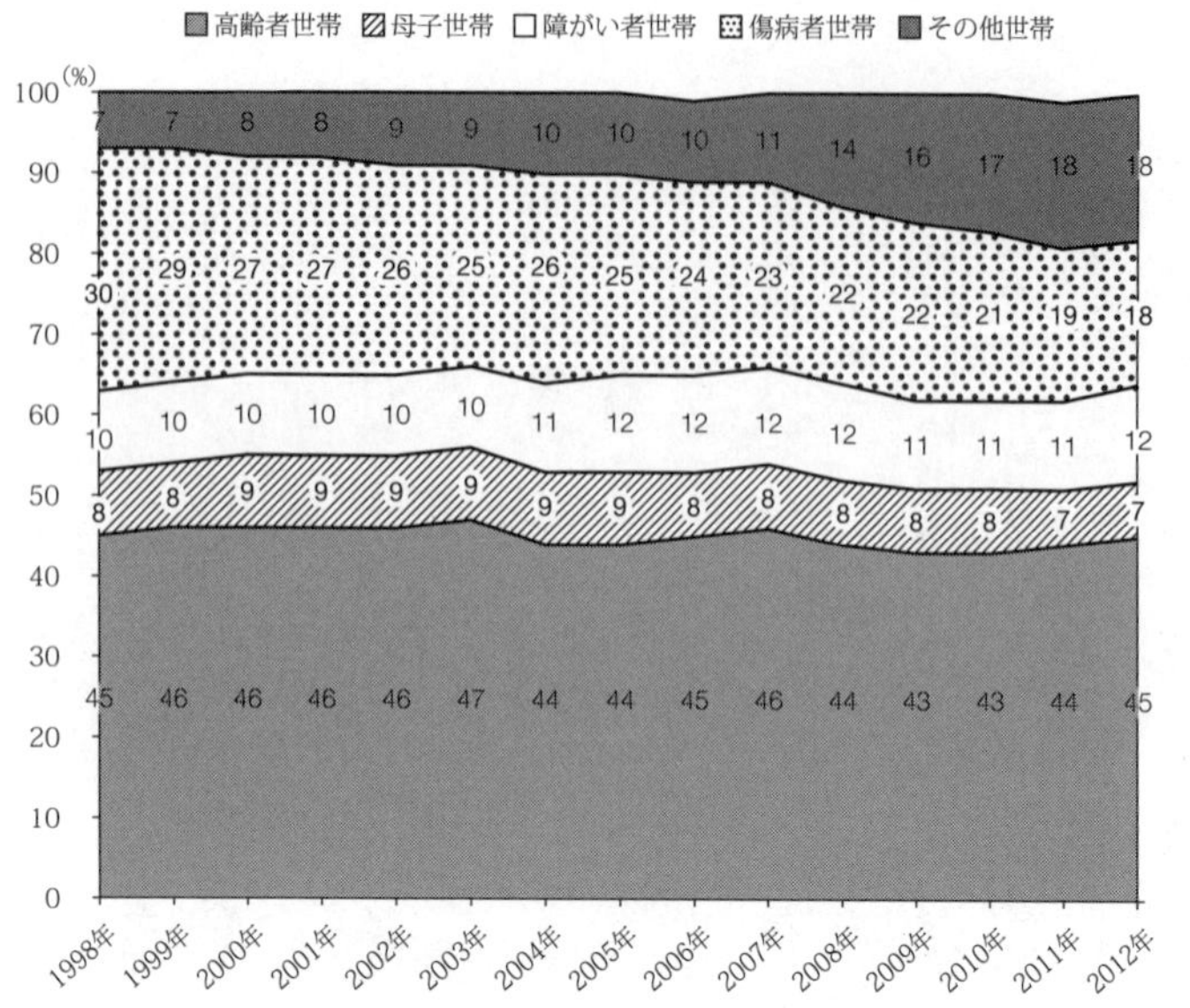

出所：国立社会保険・人口問題研究所の資料を参照に筆者作成

グラフ 4-19　世帯類型別被保護世帯構成比

ん。傷病者世帯は年々減少傾向にあります。その他の世帯だけが、特に二〇〇七年以降大きく増加しているのがわかります。

グラフ４－20は、一人当たりの平均給与の年次推移を表しています。一九九七年の四六七万円をピークに減少し始め、二〇〇九年には四〇六万円まで落ち込んでいます。その後、少しずつ上昇していますが、その伸びは鈍いと言わざるをえません。

グラフ４－21は、正規と非正規労働者の平均給与の年次推移を表したものです。非正規労働者の平均給与は、正規労働者[*12]の三五～三六％で推移しています。給与の上昇も、非正規労働者は、正規労働者

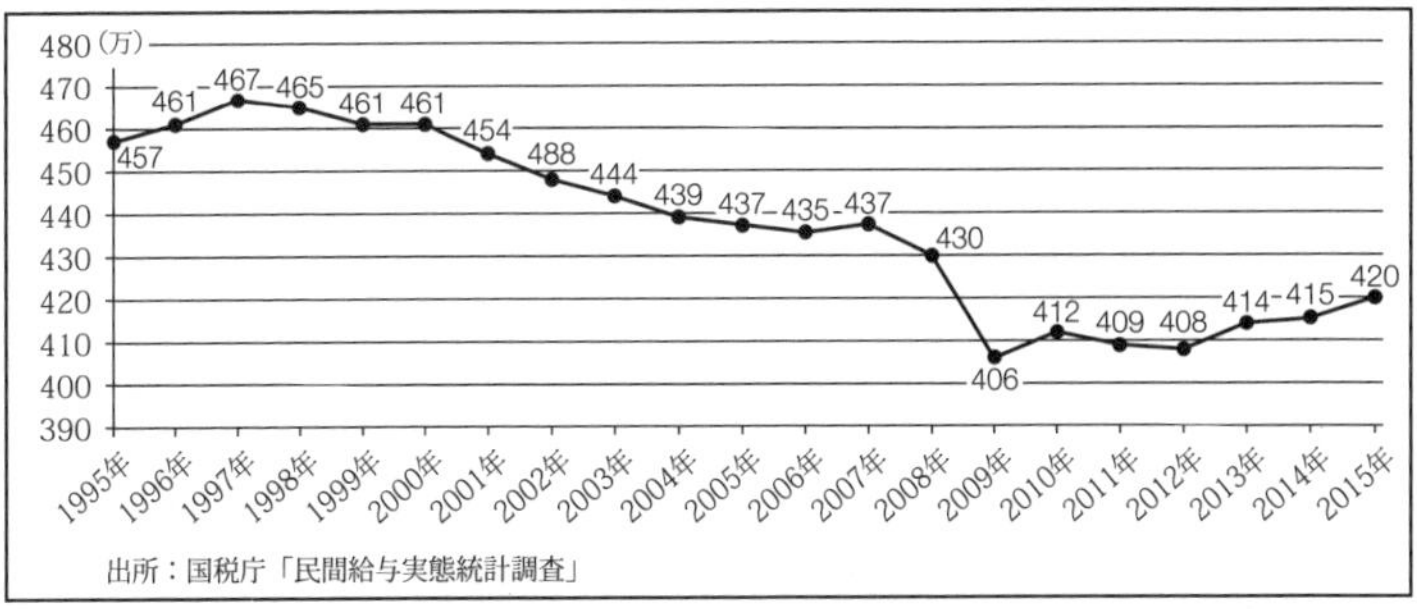

出所：国税庁「民間給与実態統計調査」

グラフ 4-20　一人当たり平均年収の年次推移

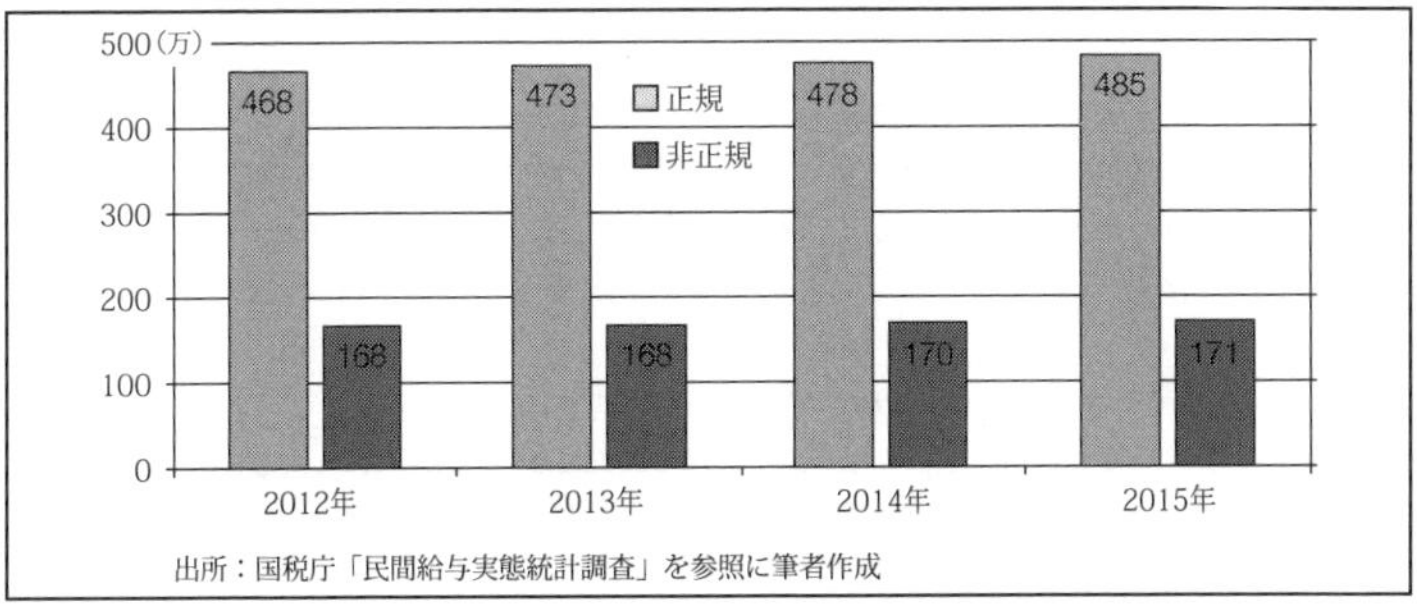

出所：国税庁「民間給与実態統計調査」を参照に筆者作成

グラフ 4-21　正規・非正規労働者の平均給与年次推移

に比べて、かなり低いことがわかります。

＊9　厚生労働省の定義：高齢者世帯、母子世帯、障がい者世帯、傷病者世帯のいずれにも該当しない世帯。

＊10　高橋邦太郎『貧困社会ニッポンの断層』（桜井書店／二〇一二）。

＊11　企業の社会的責任、企業が社会に存在し活動を行なうにあって、当然果たすべき社会的義務。

＊12　一年を通じて勤務した給与所得者の平均給与年額。

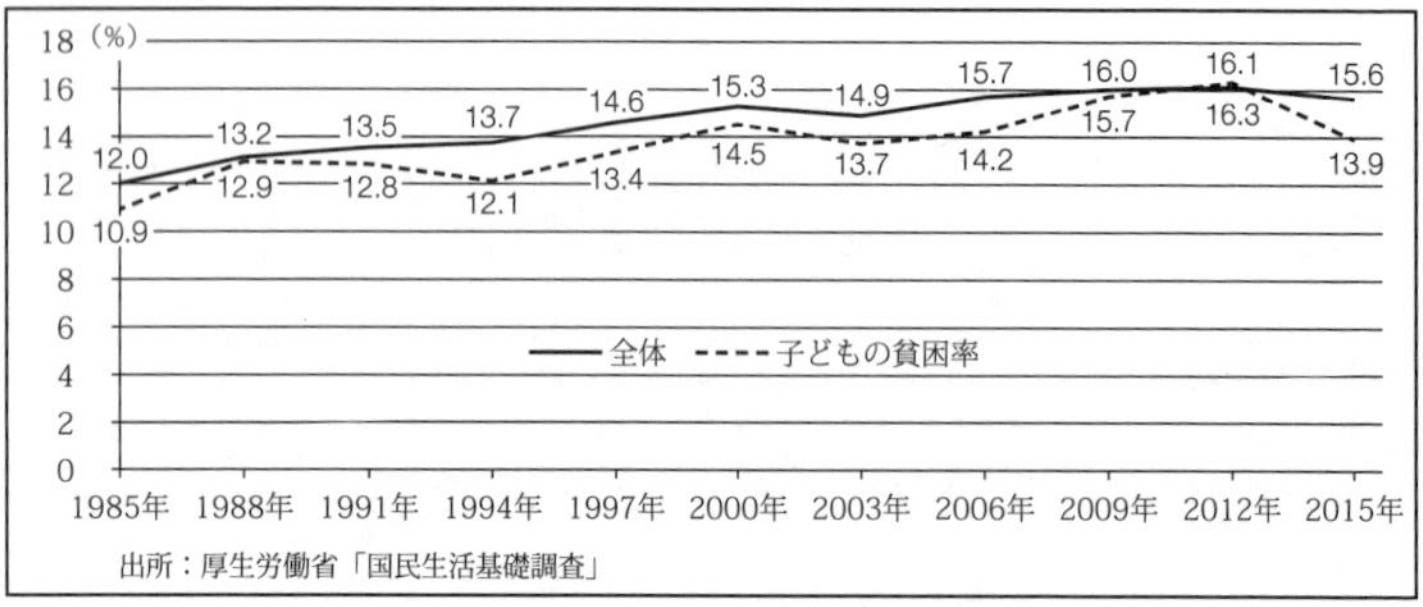

グラフ 4-22　全体の貧困率と子どもの貧困率

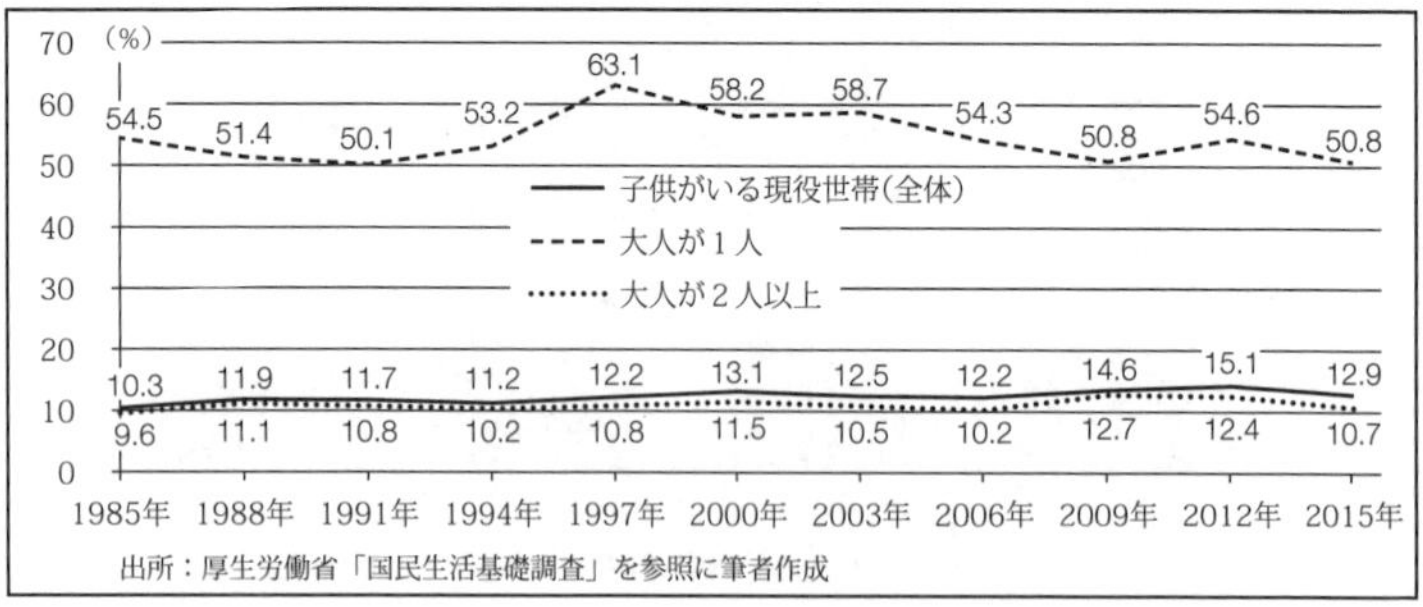

グラフ 4-23　子どもがいる現役世代の貧困率

十．子どもの貧困

最近、にわかに話題になっていることに子どもの貧困があります。

グラフ４－22は、「全体の子どもの貧困率の推移」を表したものです。相対的貧困率を示しています。相対的貧困率について、具体的に詳しく述べていきます。

例えば、このように計算します。

厚生労働省「平成二六（二〇一四）年調査所得金額階級別世帯数の相対度数分布」をみると、「二〇〇～三〇〇万円未満」が一四．三％、「一〇〇～二〇〇万円未満」が一三．九％及び「三〇〇から四〇〇万円未満」が一三．四％と多くなっています。中央値（所得を低いものから

	1988年	1994年	2000年	2006年	2012年
児童[*13]のいる世帯(a)	1,643万	1,359万	1,316万	1,250万	1,209万
母子のみ世帯(b)	55.4万	48.3万	58.7万	71.7万	82.1万
b/a	約3.4%	約3.6%	約4.5%	約5.7%	約6.8%
父子のみ世帯(c)	10万	8.4万	8万	10万	9.1万
c/a	約0.6%	約0.6%	約0.6%	約0.8%	約0.8%

出所：厚生労働省「ひとり親家庭の現状」2015

表 4-4　児童生徒のいる世帯のうちひとり親家庭の割合

高いものへと順に並べて二等分する境界値）は四一五万円です。夫婦に子ども二人の四人家族であれば、四一五÷二＝二〇七．五万円となり、これ以下の所得であれば、相対的貧困となります。子どもは、稼ぐことができませんから、この図より、親の貧困がそのまま子どもの貧困に繋がっているのがわかります。

貧困は連鎖するといわれます。貧困の家庭に生まれると、就学等の機会に恵まれず、低学歴は非正規や給与の少ない労働しか選択肢がなく、その子もまた貧困に陥るということです。

グラフ４－23は、「子どもがいる現役世代の貧困率」を表しています。一人親世帯の子どもの貧困率が顕著に高いことがわかります。

表４－４によると、二五年間で、母子のみの世帯（％）は一．五倍に父子家庭は一．三倍になっています。

これらのグラフや表をあわせて考察すると、母子世帯の貧困率が高く、年々増加傾向にあることがわかります。

表４－５より、母子世帯の多くの母親は働いていますが、六割近くが非正規であり、先の相対的貧困線に当たる二〇七万円の三分の二しか収

	母子世帯	父子世帯	一般世帯	
就業率	80.6%	91.3%	女性	64.4%
			男性	81.6%
雇用者の内正規	43.0%	87.1%	女性	45.6%
			男性	80.1%
雇用者の内非正規	57.0%	12.9%	女性	54.4%
			男性	19.9%
年間平均就労収入	平均給与所得　181万円	平均給与所得　360万円	平均給与所得	
	正規　270万円	正規　426万円	女性	269万円
	非正規　125万円	非正規　175万円	男性	507万円

出所：厚生労働省「母子・父子家庭は平成23（2011）年度母子世帯調査」、
「一般家庭は平成26（2014）年度労働力調査」、「平成22（2010）年分民間給与実態統計調査」

表 4-5　ひとり親家庭の就業状況

入を得ていません。かなり苦しい生活を余儀なくされていることが推察できます。ただし、母子世帯の場合は、児童扶養手当や児童育成手当てなどの支援制度があるので、この表だけで論じることはできません。

また、女性には母子世帯を対象とした制度やDV防止法、婦人保護事業など利用できる福祉的な選択肢は男性より多くあります。ただしこれは、女性が優遇されているということではありません。男性は、正社員として働くことが多いため、雇用保険や年金などが受給しやすいのに対し、女性は正社員の職に就きにくく、こうした保険から排除されているという背景があるからです。[*14]

「あいあいねっと」が支援しているパートナーシップ団体に母子家庭の人たちのグループ、父子家庭の人たちのグループがいます。どちらのグループも、「あいあいねっと」から分配される食品を楽しみにしています。特に、子どもたちに十分食べさせてあげることができるので喜ばれています。

ある日、父子家庭の代表の方から、このような話を聞きました。

「父子家庭は、あまり実態が知られていない。子どもの養育のため正社員を辞め非正規になり生活に困窮するものもいる。支援制度はあまりない。父子家庭は東日本大震災以降増えてきたように思う。男性は女性に比べ、弱音を吐くことは恥だと思う気持ちが強く、生活苦を他人に告げることをしない。知り合いに、自殺したものがいる」。

わずかずつですが、父子家庭も増えています。今後、父子家庭の実態を多くの人が知る必要があるのではないでしょうか。

「あいあいねっと」は、基本的には、個人に食料を渡すことはありません。個人の方から食料提供の依頼を受けても、その人が困窮しているかどうか判断できませんし、判断するための個人情報を聞きだすこともできません。しかし、当たり障りのないところで理由を聞いて、支援が必要であると判断した場合は、数回に分けて、当面必要とされる食料を渡すこともあります。メールや電話、手紙で食料提供の打診があります。最近は、「あいあいねっと」のフェイスブックのメッセージを利用する人もあります。提供食品は、その時、「あいあいねっと」に在庫としてあるものに限られますが、お米、乾麺、レトルト食品、缶詰、ジャム、菓子類などが主なものです。宅配便で送ることもあります。近場であれば、スタッフが直接車で届けることもあります。「あいあいねっと」の活動資金は、いつもぎりぎりで綱渡りのような自転車操業を行っていますので、手弁当の活動が多いのが実情ですので、宅配便代も負担となります。今まで、直接個人に食品を渡した事例をいくつか挙げてみます。

・二〇歳くらいの男性から。建設現場で働いていて、高所から落ち怪我をした。労災になったがお金が入るまで食料を購入する余裕がない。腕の怪我で、調理が困難ということで、パスタにレトルトのソース、菓子類などを二回提供しました。

・母子家庭である。自分（母）は、体が弱く働くことができない。子どもは登校拒否で学校に通っていない。この人の話は深刻でした。「あいあいねっと」からかなり遠方に居住していましたが、お米、麺類、缶詰、調味料、ジャムなどダンボールに色々詰め合わせて三回ほど、私が車で届けました。「とても助かります」との言葉に私の心も救われた思いでした。

・五〇歳くらいの女性から。夫は、会社が倒産し今はアルバイトしているが収入が少ない。私は母親の介護をしていて働くことができない。デイケアやデイサービスなどの通所サービスを利用する余裕がない。何でもいいから食料が欲しい。自分の周りには生活に困っている人が多いので、その人たちにもあげたい。いつもの食料に加えてかぼちゃやにんじん等も提供しました。

・障がい者の方から。手当てを減額された。母親に仕送りしている。家はボロボロで雨漏りがひどいが修理するお金はない等々苦しい生活状況を綴った手紙を二度もらいました。他の市の人でしたので、そこの市の「生活と健康を守る会」を通じて食料を二度渡しました。

「あいあいねっと」のネットワークには、生活に困窮されている人を支援しているグループが多くあります。時には、そのグループに連絡を取り、力を借りることもあります。

日本を含めて世界では、食べられるのに多くの食料が廃棄されている現状があります。しかもお金をかけて地球に負荷を与えながら。一方で、健康を維持し活動的に生活できる食料を得ることを保障されていない人が多くいます。不合理と不条理が混在しているのが、今の日本のそして世界の状況なのです。

少子高齢化の課題もあり、貧困や格差の問題は、社会全体を不安にさせ、もはや看過できない事態にまでなっています。

健康を維持する三本柱は、「栄養、運動、休養」です。一番の基礎は栄養です。栄養状態が悪くては運動もできませんし、もちろん文化的な活動もできないのは当然のことです。

ＷＨＯ（世界保健機構）の健康の定義を紹介します。

"Health is a state of complete physical, mental and social well - being and not merely the absence of disease or infirmity."

「健康とは、完全に心身及び社会的に良好な状態であり、ただ単に病気でないとか虚弱でないことを言うのではない」

＊13　一八歳未満の未婚の者。

＊14　小杉礼子・宮本みちこ編著『下層化する女性たち』第Ⅱ部第四章　丸山里美　p.119（勁草書房／二〇一五）。

第五章　食品ロス及び貧困、格差拡大は社会の仕組みの中で構造的に再生産される

一．はじめに

「あいあいねっと」が活動を始めた当初、私たちに、食品ロスという言葉はなく余剰食品と呼んでいました。講演会などで参加者に説明する際一番わかりやすいのは「もったいない食品[*1]」でした。しかし、政府の統計調査をネットで検索してみると、平成一五（二〇〇三）年以降の食品ロス統計調査の結果が掲載されていますので、かなり早くから、国では食品ロスを定義しており、私たちが知らなかったということになります。

農林水産省のサイトでは、以下のように食品ロスが定義されています。「食べられるのに捨てられてしまう食品」

しかし、食品ロスには定義があっても、フードバンクには学術的に明確な定義はありません。活動当初、日本にフードバンク活動主体数がまだ少ない、当然活動の歴史も浅い、ゆえにビジネスモ

デルもない、フードバンク活動の先行文献もレビュー（CiNiiでフードバンクを検索しても、フードバンクを利用することにより栄養状態の改善云々などの栄養的アプローチからの文献はヒットするのですが、肝心の運動体としてのフードバンクに関するものは全くヒットしませんでした）できない……ないないずくしの活動は、全くの手探り状態から始めるしかありませんでした。計画性などほとんどありません。壁にぶち当たると善後策を考えるという活動スタイルです。ひたすらミッションに向けてがむしゃらに邁進するだけでした。しかし、何年も続けていく内にだんだんと方向性が見えてきます。「あいあいねっと」の活動もそのように続けてきました。

その方向性とは、当初は、フードバンク活動を大きくすることに渾身の力を注いでいましたが、次第に、提供される食品ロスの理由や多さから、食品ロスが何故生まれるのかという疑問が生じてきました。何度も言いますが、あまりに膨大な食品ロスの量から、食品ロスはたまたま偶発的に発生したのではなく、構造的なものだと考えるようになりました。でないとどうにも説明がつきません。次に考えたことは、その構造的なものとは何か？　ということです。

世界には豊かな国もあれば、多くの国民が飢えに苦しんでいる国もあります。一つの国の中でも同じことが言えます。豊かさは、誰にでも公平に行き届いているわけではありません。

「平成二四（二〇一二）年版厚生労働白書」第五章第七節の冒頭「国際比較からみた日本社会の姿」にはこう記してあります。

「日本社会の長所としては、一人当たりのGDP（国内総生産）は、OECDの平均程度となっているものの、就業率や教育水準は比較的高水準となっており、国民の経済的な自立度が比較的高いことが挙げられる。一方で、短所としては、相対的貧困率[*2]やジニ係数[*3]がOECD平均よりも高い水準となるなど所得格差が顕在化していること、また、就業率の男女差や男女間賃金格差が大きい点にある」。

アメリカ、中国に続きGDP世界第三位の国、この間まで一億総中流といわれた国この日本に、なぜ、このようなことが、現実にありえるのでしょうか。「あいあいねっと」の活動を通して、多くの事例や学んだことを紹介してきましたが、そこから私自身習得したことは、この現実は、構造的なものであり再生産されるものである。そして、構造的なものとは経済システムそのものである、ということです。

＊1　この活動を進めていくうちに「もったいない食品」では、食品ロスの実態と原因の真相に言及できないことに気づき、ここ数年「食品ロス」一つで通している。

＊2　相対的貧困率は、その国の国民所得の中央値の半分に満たない家計の割合であらわす。

＊3　ジニ係数とは、所得格差を測る指標であり、0（すべての者が同じ所得、完全平等）から一（一人の者がすべての所得を有する）の間をとる。

二、大量の食品ロス、貧困はなぜ存在するのか。格差はなぜ拡大するのか

この本を執筆するに当たり、このテーマは絶対はずすことはできないと考えました。なぜなら、どこのフードバンク主体者も、手弁当に近い状態で、自分たちの財布をはたき、中には腰を痛め、[*4]心のそこから溢れ出る何とかしたいという思いで活動を行っています。一方で大量の食べられるのに廃棄される食品がある。一方で経済的困窮で食べられない人がいる。この二つをフードバンク活動で結びつけ「もったいないをありがとう」にする。それは素敵な行為であるに違いありません。

しかし、「食品ロスがなぜこれほどまで大量に発生するのか」、「なぜ貧困・格差が存在し、拡大しているのか」の根本を理解しておかなければ、知らぬ間に「食品ロスありきの活動」に陥ってしまう危険性はないか。知らぬ間に善意の活動が課題の再生産という思いもしない方に向かっていないか。善意の活動であれば、なおさらしっかり把握する必要があると考えたからです。

この活動を始める時、食べ物を扱うのだから管理栄養士の延長線上でできると思っていました。しかし、活動を始めてみると、組織のことや財政、経済、ＮＰＯ、公共政策などいわゆる社会学の知識が必要であることを強く認識するようになりました。今までは行き当たりばったりの事業展開でしたが、全体を俯瞰しながら活動していかなければ、前出の課題の再生産に陥ってしまう可能性

があることに気づいたのです。広島大学大学院社会科学研究科マネジメント専攻を受験し、社会人大学院生として二年間学びました。[*5] 修士論文を書き進める中で、関連する様々な文献に当たり、指導していただいた先生方の教えもあり先の答えのヒントを見出すことになります。資本主義経済システムの特性である「市場の失敗」「政府の失敗」。ここに、構造的に食品ロスは再生産されるというヒントと共に貧困や格差拡大のヒントも見出すことができる。

今の日本の貧困や格差拡大は、「市場の失敗」をうまくコントロールできない「政府の失敗」ではないでしょうか。

＊4　フードバンクの活動は、重い食品を扱うことが多いので、腰痛になる人が多い。
＊5　修士課程修了後、広島大学プロジェクト研究センターより研究費を取得し、二年間韓国のフードバンクの調査を行った。

三．資本主義経済とは何か

「市場の失敗」「政府の失敗」に言及する前に、資本主義経済の概略を知らなければなりません。資本主義経済と社会保障制度は密接な関係にあります。進研ゼミプラス高校講座「資本主義と社会主義の違いは？[*6]」にわかりやすい解説が掲載されています。それと「平成二四（二〇一二）年

版　厚生労働白書」を引用し私見を含めて述べていきます（私は、栄養学の知識は持っていますが、経済に関しては体系的に学んだことはありません。そこで、それらに関する多くの本を読み文献にあたりました）。

【資本主義経済の成立】

資本主義経済は、一八世紀後半のイギリスでおきた産業革命をきっかけに成立しました。近代[*7]以前の封建制や絶対君主制の社会では、多くの人々は農業などを営み、自給自足の生活がほとんどでした。生まれ育った土地で一生過ごし、家族や親戚などの血縁や近所付き合いなどの地縁の中で、互いに支えあいながら生きてきました。

しかし、産業革命を契機に、自給自足の生活を送っていた農民は、労働者として工場などに雇われ、働いて得た収入で生計を維持する社会に変化しました。当然、血縁、地縁などの支えあいは希薄化していきました。これは、現代の人々の、そして地域の絆の希薄さにつながっていきます。

資本主義経済は、自由競争により利益を追求して経済活動を行えば、社会全体の利益も増大していくという考え方に立脚しています。いわゆるトリクルダウンと呼ばれる効果[*8]です。おこぼれ効果ともいいます。

個人や企業は利益（利潤）を追求して財・サービスをつくりだしますが、そのために必要な工場・土地・機械などの生産手段を私有でき（私有財産制）、生産手段をもたない者は労働力を提供して資本家から賃金をもらう（労働力の商品化）といった特徴があります。また、国家（政府）は介入せず市場[*9]に任せておくと、市場がうまく機能し、需要と供給のバランスが調節されて（見えざる手[*10]）市場価格が決まり、その価格に応じて生産者が商品を生産する量や消費者が商品を購入する量が決まっていきます。より良い財やサービスがより安く提供でき、それが結果的に公共の福祉（公正）も増進するという考えです。この経済原理を市場経済といい、産業革命のころのイギリスの経済学者アダム＝スミスは、自由主義的な市場経済を擁護する学説を唱えました。[*11]政府の役割は、国防、所有権の維持、特定の公共事業や公共機関等に限定されるとしました。これを「小さい政府」といいます。一九世紀には、市場における効率を追求する自由主義は最高潮の時期を迎えました（あの頃と今の違いは、グローバルにお金も人も物も動くようになった、地球資源に限りがある、環境問題が顕在化した、ことなどがあげられます）。

一．市場の失敗（資本主義の経済の問題点）

しかし一九世紀後半になると、不況による失業や貧富の差の拡大といった資本主義経済の矛盾や弊害が明らかになってきました。

このような中、一九二九年にアメリカのウォール街のニューヨーク証券取引所での株価の大暴落により発生した世界恐慌は、資本主義経済に大きな揺さぶりをかけました。街中に失業者があふれ、社会不安が増大しました。その解決策が、ルーズヴェルト大統領が行った有名なニューディール政策です。その後、ケインズの修正資本主義が提唱されました。政府が市場に介入する、いわゆる「大きな政府」の役割の提唱です。

社会保障制度を充実させた資本主義体制が第二次世界大戦後の先進国で発展しました。

その後、二度のオイルショックにより、世界経済は低迷し、日本経済も大きな打撃を受けました。それらも要因となり、上記の社会保障制度を充実させた資本主義経済体制は、一九九〇年代末から二〇〇〇年代初頭における持続的な政府の財政赤字を生みだす要因の一つとなりました。そこで、解決策として、一方では「小さな政府」へと向かわせると同時に、他方で直接的な解決策として、社会保障関連の支出削減をもたらしました。イギリスのサッチャー元首相による経済政策ビッグバンに代表されるサッチャリズム、アメリカのレーガン元大統領によるレーガノミクスが有名です。日本でも、当時の小泉政権が打ち出した聖域なき構造改革がそれに当たり、規制緩和[*12]がさかんに行われました。

その後、資本主義経済は、金融の肥大化、グローバル資本主義経済へと進展していきます。

そこで、見舞われたのが、二〇〇八年のリーマン・ショック[*13]です。記憶に新しい方も大勢いらっしゃることと思いますが、日本でも失業者や路上生活者があふれました。二〇〇八年暮れから二〇〇九年年明けの「年越し派遣村」や北九州市では、「おにぎりが食べたい」と書き残し餓死した男性の新聞記事が世間を賑わせました。広島市でも、路上生活者支援グループによる炊き出しに、若者や夫婦が並ぶようになったと支援グループから話を聞きました。

以上、概観したように、資本主義経済には、内在的メカニズムとして不安定な景気、格差拡大をもたらす性質を保有しています。これを「市場の失敗」[*14]といいます。

資本主義経済において、企業にとって第一義の目的は利潤追求です。そこには、競争の原理が働きます。いわゆる「いす取りゲーム」です。他者に負けないため、他社より少しでも多く売って利益を上げる。ですから、商品は、常に不足しないようにしなければなりません。もちろん、企業もなるべくロスが出ないよう生産や売り上げ目標の綿密な計画をたて最大限努力をします。が、どの世界にでもあるように見込み違いが起きる可能性があります。作りすぎ売れなければ、ロスがでます。足りなければロスはでませんが、他社との競争に負けてしまいます。フランス出身のリール第一大学経済学教授フロランス・ジャニ＝カトリス氏[*15]は、経済を成長させるために経済成長を際限なく追及するこの思想は、常に生産力至上主義に基づいているとの認識を示しています。

更に、「需要予測→利潤予測→利潤の実現性の考慮→投資→生産→市場への供給」（保坂氏[*16]）と言う具合に、市場経済の特性は、不確実性が支配する世界であって予想に基づいて行動します。いつも品薄な商店より、品揃えが豊富でいつ行っても商品であふれかえっている店を、お客が選ぶことも理由に挙げられるかもしれません。

昨年、私は、「スーパーに於ける食品ロスの実態調査」を行いました。「食品ロスを減らすよう、店はどのような工夫をしているか」という質問に対して、ある店長からは「食品ロスより顧客ロスの方が恐ろしい。だから、店の棚は、常時商品を並べている。食品ロスは止むをえない」という答えが返ってきました。

また、メーカーや卸業者にとって欠品は絶対許されないことだそうです。へたをすると、スーパーからペナルティを課せられたり、商品を置かせてもらえないということに繋がりかねないそうです。

現在、世界では、資本主義経済の国がほとんどです。このようなことが、日本中、世界中で日常的に起こっているのです。だから、必然的に膨大な食品ロスが生じるわけです。食品ロスは、資本主義経済に内包される「市場の失敗」の成れの果てと言っても過言ではないでしょう。

二．政府の失敗

一九四七（昭和二二）年に施行された日本国憲法第二五条において、「すべての国民は、健康で文化的な最低限度の生活を営む権利を有する」、「国は、すべての生活部面について、社会福祉、社会保障及び公衆衛生の向上及び増進に努めなければならない」という、いわゆる「生存権」が規定されています。貧困をなくし格差拡大を縮めるよう施策を講じることは国の責任であると憲法に明確に記されています。

植田氏[*17]は、ミクロ経済学のすべての教科書に書かれているように、「市場の失敗」の修正と公平性の実現は政府の役割と指摘しています。さらに、アメリカでも日本でも、政府がいずれの役割においても十分に機能していないことを見る限り、「政府の失敗」も起こっていると分析しています。

また、保坂氏は、経済活動の究極的な目的は「国民（家計）の福祉（経済厚生）の維持・向上」であるとしています。私は、これらの指摘を支持しています。

ですから、「市場の失敗」を是正するのは「政府の役割」すなわち社会保障制度にあるということになります。

社会保障の仕組みには、「社会保険方式」と「税方式」の二通りがあります。現在日本の「社会保険方式」には、「医療保険」、「年金保険」、「労災保険」、「雇用保険」、「介護保険」があり、社会保険料により賄われています。

「税方式」とは、保険料ではなく、税金を財源にして給付を行う仕組みであり、現金または現物（サービス）の提供が行われています。税の再分配といわれるものです。税の再分配とは、税金を負担する能力の大きい人に、より多くの税金を課し、負担能力の小さい人には税金を少なく、あるいは免除すると共に、社会保障を厚くして国民の間の貧富の格差を縮め、社会の安定化、公平化を維持するための方策です。「生活保護制度」や「児童福祉制度」、「障がい者福祉制度」などがあります。

社会保障には、公正の実現という側面と同時に、先に記したように社会を安定化させる効果が期待できます。そのことは経済成長の基盤を形成するとともに、新たな需要及びその供給に必要な雇用を創出することが可能となり、経済成長にも寄与します。

「あいあいねっと」が支援する団体に、ニートや引きこもりの若者の就労支援をしているグループがあります。要支援者である彼らが、社会的に自立し労働者になると、納税者になり、国にお金が入ることになります。収入があると購買意欲が芽生え、内需も拡大し企業にとっても歓迎されることではないでしょうか。経済が低迷すると社会保障費が削減される傾向にありますが、そうとばかりは言えない、もっと多面的に捉える必要があると思います。

「小さな政府か、大きな政府か」すなわち「市場主義経済の効率性の追求か、政府が市場に介入する公正か」は、絶えず議論されてきました。市場は効率性の面ではとても優れていますが、失敗することがあり、そこで国の介入を必要とします。しかし、介入が妥当でなければ、社会的損失が生じてしまいます。「平成二四（二〇一二）年版厚生白書」第二章の最後は、以下のように結ばれています。要約すると「『効率か、公正か』の片方だけを追求し、一方を犠牲にするやり方では社会はうまく回っていかない。必ず、どちらかが不満を持ち、社会秩序が乱れ、社会の安定性を保つことができなくなる。何より社会のメンバーである人間一人ひとりを必ずしも幸せにしていない。

二者択一の議論から脱し、日本で現実に起きている貧困や格差拡大などの社会の諸問題に適切に対応するために、そして人々が真に幸せになるためには本質的に何が必要か、どのように社会保障制度を改革していくべきかを、市場の役割、政府の役割を踏まえ、具体的かつ全体として整合性のとれた形で考えていくことが必要である」

今の日本の貧困や格差拡大は、「市場の失敗」をうまくコントロールできない「政府の失敗」であることは明白です。

以上、「政府の失敗」に関して論じてきました。しかし、政治家を選ぶのは国民です。「政府の失敗」は、すなわち「国民の選択の失敗」とも言え、貧困や格差拡大は、国民自らが作り出し、自らが作りだしたものに苦しめられていると考えることもできます。

こういった現状を考えると、今、私たちがすべきことは、将来どのような日本のあるべき姿を望むのか、真摯な議論が国民の間でなされることが求められているということではないかでしょうか。そうすることにより、多くの人に幸をもたらす、効率性と公正性のバランスがとれた市場や政府のあり方が見えてくるのではないかと考えます。

一九五〇（昭和二五）年社会保障制度審議会の「社会保障制度に関する勧告」[*18]には「生活保障の責任は国家にある。国家はこれに対する総合的企画をたて、これを政府及び公共団体を通じて民主的に能率的に実施しなければならない。（中略）他方国民もまたこれに応じ、社会連帯の精神にたって、それぞれその能力に応じてこの制度の維持と運用に必要な社会的義務を果たさなければならない」と記されています。

「あいあいねっと」は、活動を通し、「政府の失敗」を補完しているのではありません。上記の勧告の中の「制度の維持運用に関し社会的連帯の精神に則り社会的義務」を一市民団体として果たすべきであると捉え、生活困窮者支援の活動を行っています。さらに、「子や孫につけを残さない。未来に夢を託すことができるよう持続可能な循環型社会」を日本のあるべき姿と捉え、啓発活動を通じた食品ロス削減を活動の柱に据え、次に、現在ある食品ロスに関しては有効活用を行う。日々、このような活動を行い、ミッション遂行に邁進しているのです。

＊6　http://http://kou.benesse.co.jp/nigate/social/a13s0402.html（アクセス日　二〇一六年一二月二〇日）。
＊7　一般的に、西洋史では、市民革命・産業革命、ロシア革命までをさし、日本では、明治維新から第二次世界大戦終了までをさす。
＊8　上層部にもたらされた富はやがて中層以下にも及んでいき、多くの人が豊かになる。
＊9　「いちば」ではない。「しじょう」と読む。経済学においては、市場は学問の中核をなす。純粋に理論的なモデルである。個々の売り手と買い手は、自己の効用の最大化を目的として商品の交換を行う（弘文堂　現代社会学事典）。
＊10　アダム＝スミスの『国富論』に登場する言葉。
＊11　エスピン－アンデルセンは、「彼の著書を詳しく検討すると、資本主義を手放しで賞賛しようとするのを抑えようとする一定のニュアンス、一連の留保が読み取れる」と述べている。『福祉資本主義の三つの世界』平成二四年

（二〇一二）度「厚生労働白書」。

＊12　日本で最初に規制緩和を打ち出したのは中曽根内閣である。

＊13　リーマン・ショックは、二〇〇八年九月一五日に、アメリカ合衆国の投資銀行であるリーマン・ブラザーズの破綻（Bankruptcy of Lehman Brothers）に端を発して、続発的に世界的金融危機が発生した事象を総括的によぶ。私は、リーマン・ショック前後にニューヨークを訪問した。リーマン・ショック前のマンハッタンは多くの人でにぎわっていたが、後は人通りが少なく、多くの店では閑古鳥が鳴いていた。

＊14　「市場の失敗」は、他にも環境問題や地球資源の枯渇などの外部不経済、公共財の民間委託、ヒトの都市集中と地方の過疎化などがあると言われている。

＊15　中野佳裕編・訳　ジャン=ルイ・ラヴィル／ホセ・ルイス・コラッジオ編『21世紀の豊かさ』第Ⅱ部七章「生産力至上主義との決別、開放の条件」（コモンズ／二〇一六）。

＊16　保坂直達『資本主義とは何か』（桜井書店／二〇一二）。

＊17　植田敬子「アメリカ経済から学ぶ市場の失敗と政府の失敗」（日本女子大学紀要家政学部第六〇号／二〇一三）。

＊18　内閣総理大臣の諮問機関として、憲法二五条を受けて、社会保険の概念を明示した。

第六章　管理栄養士として見えてきた食品ロスの課題

一．食品ロスの課題

食品ロスには、様々な課題があります。管理栄養士として思いつくままに記してみます。

①地球資源の無駄遣い。

②食品を製造・販売するまでにかかった労力、費用などを無駄にする。

③日本は、主要国の中で食料自給率（カロリーベース）が一番低く、食料の多くを輸入に依存している。にも関わらず大量の食品ロスを出している。

④「もったいない」という〝自然の恵みへの感謝〟の気持ちの欠落。

他にも、多くの課題が内包されていると思います。

ここでは、管理栄養士という立場から、食品ロスの課題について考えていきます。

二〇一四年推計で、わが国の食品ロスは六二一万トンです。このうち、二八二万トンが家庭からの食品ロスです。その詳細は、すでに紹介しましたが、過剰廃棄、直接廃棄、食べ残しが主な原因です。

活動を始めてしばらくたった頃から、膨大な量の食品ロスは、利潤追求が第一の目的であるとする資本主義経済の構造的な問題だけなのだろうか、と疑問を持つようになりました。「食品ロスの実態と課題」でも述べたように、表面的には経済的に豊かになった日本は、お金と引き換えに、生きることの原点である食べ物に対する畏敬の念をどこかに置き去りにしてしまった、そう思うようになりました。

講演活動もたくさんしています。「食品ロス」のこと、「あいあいねっと」のことが主題ですが、この活動から見えてきた以下の課題にも言及しています。

（ア）食べ物が商品（お金で換算できるもの）。
（イ）食べ物は自然からの贈り物という意識が希薄。
（ウ）食べ物を大切にする意識が希薄。
（エ）食べ物が消費者の手に届くまでに生産者、その他多くの人々が携わっている。多くのエネルギーも費やしていることをほとんど意識していない。
（オ）料理を知らない。
（カ）工夫しようとしない。

食品ロスは、食べ物が自然の恵みであることと共に、生活者としての知恵と工夫を忘れた現代人にも責任の一端があると思います。

私は、三年前より岡山県の管理栄養士養成大学で教員をしています。食生活論、学校栄養教諭論などを通して「食育」についての講義をしています。

「食育」という言葉が使われるようになった国の施策に関して少しのべます。

戦後のひどい食料事情に関してはすでに述べたとおりですが、その後の急速な経済発展と共に、やがて飽食の時代を迎え、お金さえあれば、どこでもいつでも食べ物を手に入れることができるようになり、それに伴い、不規則な食生活、食べ過ぎ、偏った食事、間違った知識による食品の選択などが引き起こす様々な健康上の問題が顕在化するようになりました。子どもの頃からの食習慣が将来様々な病気を引き起こす要因になることも解明されてきました。成人病も生活習慣病と変更されました。エネルギーや栄養素の不足を満たす食事から生活習慣病を予防する食事の必要性に迫られてきました。さらに、高齢化と共に年々膨らんでいく医療費などの社会保障費の増加は国の財政を圧迫し、子どもの頃からの、食習慣を含めた生活様式の改善が喫緊の課題として浮上してきたのです。

それらの事情を踏まえ、二〇〇五年に食育基本法が制定されました。その前文に「子どもたちが豊かな人間性をはぐくみ、生きる力を身につけていくためには、何よりも『食育』が重要である。

今、改めて、食育を生きるうえでの基本であって、知育、徳育及び体育の基礎となるべきものと位置付けるとともに……」と謳われました。さらに二年後の二〇〇七年には文部科学省より「食に関する指導の手引き」が発行され「学校における食育の推進」を位置付けると共に六つの目標が掲げられました。

・食事の重要性、食事の悦び、楽しさを理解する。
・心身の成長や健康の保持増進の上で望ましい栄養や食事のとり方を理解し、自ら管理していく能力を身に付ける。
・正しい知識・情報に基づいて、食物の品質及び安全性等について自ら判断できる能力を身に付ける。
・食物を大事にし、食物の生産等にかかわる人々への感謝する心を持つ。
・食事のマナーや食事を通じた人間関係形成能力を身に付ける。
・各地域の産物、食文化や食にかかわる歴史等を理解し、尊重する心を持つ。

二〇一〇年に改定された小中学校の学習指導要領には、その総則に「学校における食育の推進」が盛り込まれたほか、関連する各教科等での食育に関する記述が充実しました。

ただ、算数、国語、理科などの教科のように、食育という授業があるわけではない、学習指導要領に当たるものがないなど、まだまだ教育的に体系化されたものではなく、各学校では手探りの状態で食育活動が行われているのが実態です。しかし、文部科学省栄養教諭の配置状況によると、二〇〇五（平成一七）年に栄養教諭制度が設置され、都道府県により偏在はあるものの、食育の要となる存在である栄養教諭は、スタート時は全国で三四名でしたが、二〇一五（平成二七）年には五，三五六名[*1]配置されました。

食育基本法を具体的に推進するための食育推進基本計画があります。二〇一六年三月に、第三次食育推進基本計画が出されました。そこに、新たに、重点課題として「食の循環や環境を意識した食育の推進」が盛り込まれ、積極的に「食の生産から消費までの食の循環の理解、食品ロスの削減等の推進する」と記載されました。さらに、具体的な目標として、食品ロス削減のために何らかの行動をしている国民の割合を六七．四％（二〇一四年）から八〇％以上（二〇二〇年）にする。とりわけ若い世代への食育の実践が重要であるとしています。初めて食品ロスという文言が、基本計画に盛り込まれたのです。

以上、食育関連の国の動きに関して説明してきました。

食育基本法が制定されたとき、反対する意見も多くありました。「本来、家庭での食は、極めてプライベートなことであり、何をどれだけ食べるのかなどは、その家庭ごとによって決められるべきもので、国が関与すべき性質のものではない」某新聞のコラムの欄にこのような記載があったことを覚えています。

ここに一冊の本があります。『「食育」批判序説』著者　森本芳生氏[*2]。二八〇ページからなる大作で、栄養学はもちろんのこと生化学、生理学、食品学、食品化学、基礎医学、食の歴史、日本史、世界史、漢方等々の多方面の知識を総動員しなければ理解できないほど内容は難解、とてもすべてを消化して要約することは私の能力をはるかにこえています。私の理解しうる範疇で、この本の一部ですが森本氏の見解をまとめて紹介することをお許しください。森本氏は冒頭に、「子どもたちの生活リズム・食の乱れを指弾する論調の後押しを得て、近年『早寝早起き朝ごはん』運動なる国民総動員運動が、官民あげて全国展開している」を例に挙げ、その根拠の不自然さに言及しています。まず、脳や赤血球はブドウ糖しかエネルギー源として使うことができない。故に、朝食を食べることは、脳を目覚めさせ一日の活力を産む。これは、朝食推進論者の大方の見解ですが、森本氏は論理的実践[*3]が欠落していると指摘します。また、毎日朝食をしっかり摂れということは、朝から食欲が湧かない人や胃腸が丈夫でない人にとって暴力的意味あいを有する、と続けます。さらに、今の日本いや世界のほとんどの近代科学を席巻している要素還元論[*4]の危うさを述べ、食べることは、多くの要素が複雑に絡んでおり、要素を取り出し理解しても全体像は把握できない。つまり、食は一つに大きくくくり論じられるものではない、としています。国を挙げて何かを行なうことに、戦前の全体主義[*5]のにおいがするともほのめかしています。

経済的な問題や家庭の事情で朝食をとることができない子どもが現実にいます。最近、全国で「子ども食堂」が拡がっていることからも、食事を満足に食べることができない子どもたちが増えていることが分かります。「食育」をとおして新たな差別や排除があってはならないことは言うまでもありません、そこで、「あいあいねっと」は、活動を通して培った独自の視点で、食育を定義し「あいあいねっとの食育」を積極的に行なっています。

＊1　文部科学省健康教育・食育課調べ。
＊2　明石書店／二〇〇九。
＊3　理論が実践により検証されていない、又は不足している。
＊4　ある事象を理解しようとするとき、その事象をいくつかの単純な要素に分割し、それぞれ単純な要素を理解し、元の複雑な要素を理解しようとする考え方（広辞苑）。
＊5　個人の利益よりも国の利益が優先される（広辞苑）。

二．「あいあいねっとの食育」の定義

「あいあいねっと」は「食べることは、他からの命をもらい、自分の命をつなぎ、また次の命へつないでいく営みである。食べ物は、自然の循環の産物としての恵みであるとし、食品ロスの課題

や削減方法などを人々に伝えていき、自分で考え実践できる生活者の育成」と食育を定義し活動に力を入れています。

詳細に関しては、第七章に記載しています。

食品ロスは様々な問題を含んでいます。食品ロスを中心に据えた食育は、実に効果的です。例えば、食品ロスを出さない日々の食生活は、生活習慣病予防に繋がります。なぜなら、食品ロスを出さないために、まず、自分の健康ために何をどれだけ食べればよいのか知る必要がある。食べられる量を作り残さない、が前提になるからです。食の専門家として国民の食と健康に責任を担う管理栄養士・栄養士は、中心的存在として食品ロス削減に関して力を注ぐべきでしょう。このことを、私は、数年前より学会や講演会などで提唱しています。

授業では、学生たちにも、私のフードバンク経験から学んだことを土台に食育の重要性を教えています。より具体的な実例を挙げることができると共に、自分の口で語ることができるからです。

私が大学に赴任する前に学生有志が「フードバンク岡山」の手伝いをしていましたが、大学に赴任して最初の年に、正式に食物学科二年生六名が「食品ロス削減サークル」[*6]を起ちあげました。フードドライブ[*7]を行い、集まった食品で地域の高齢者に料理を振舞う「ぽかぽか食堂」を行ったり、地域のエコフェスタに参加し、参加者と共に「食品ロス削減かるた」[*8]や「食品ロス削減すごろく」[*9]をしたり、最近では、「フードバンク岡山」の津山拠点オレンジハートが主宰している「子ども食堂」の献立を立てたり、料理の手伝いもしています。着実に、若い世代に、食品ロス削減のことが伝わっていっていることを心から嬉しく思っています。

このことは、山陽新聞、津山朝日新聞、ＮＨＫ岡山、ＦＭ岡山にも取り上げられました。

＊6　二〇一七年より、主催：農林水産省、後援：内閣府、消費者庁・文部科学省・厚生労働省による食育活動表彰制度ができ、「美作大学食品ロス削減サークル」が消費・安全局長賞に選ばれた。二〇一七年六月三〇日に、岡山市で開催された第一二回食育推進全国大会で表彰された。

＊7　家庭にある食品ロスを提供してもらう活動のこと。

＊8　写真6－6。

＊9　学生が作成したすごろく。楽しみながら、食品ロス削減を学ぶことができるよう工夫している。

写真 6-1　フードドライブで提供された農家からの野菜

写真 6-2　フードドライブで提供された一般家庭の食品

写真 6-3　「ぽかぽか食堂」のメニュー

写真 6-4　ぽかぽか食堂」参加者に食品ロスを説明している

写真 6-5　子ども食堂の様子

写真 6-6　「食品ロス削減かるた」

第七章　食品ロス削減のための食育活動

第六章で、「あいあいねっと」における食育活動の定義を行ないました。以下の活動は、その定義に沿った内容です。

一、フードバンク研修会

フードバンク活動を多くの人に知ってもらい理解が深まるようにと、地域住民[*1]や食品企業、パートナーシップ団体[*2]を対象に、フードバンク研修会を開催しました。二〇一一年一一月一六日、二〇一二年一月二五日、二月二二日の三回にわたり、「広島市の出前講座による環境学習会」や、「『あいあいねっと』の活動紹介」、「提供される食品ロスを使った試食会」を通して、フードバンク活動のこと、身近なもったいない食べ物を減らすためのグループ学習を行いました。普段は直接交流が持てない食品企業とパートナーシップ団体の交流の場としても貴重なイベントです。年輩

写真 7-1
食品ロスの研修会で
食品ロスをどうしたら削減できるか
参加者が話し合いをしている様子

の女性の参加者からは、経験を生かした食品ロスを出さないための知恵がたくさん飛び出します。提供される食品の中には、食べ方がわかりにくいもの（外国の調味料や加工食品、珍しい野菜など）もあり、提供先の施設で使い切れずに食品ロスとなることもあるなどの率直な意見も聞かれました。より美味しく食べるための調理方法や保存方法など活発に情報交換を行うことができました。食品を点検整理して引き渡すだけではなく、フードバンクを通してもっと細やかな支援[*3]を行うことができると実感した研修会でした。

＊1　広島市安佐北区可部を中心とした近隣の地域に住む人々。

＊2　「あいあいねっと」のミッションを共有し、提供される食品を受け取り活用している団体。

＊3　パートナーシップ団体の中には、高齢者の多い団体、子どもが多い団体、障がい者の団体などがあり、それぞれ柔らかい食品、おもちゃ付きのお菓子、取り扱いが簡単な食品など各団体に合わせて分配している。

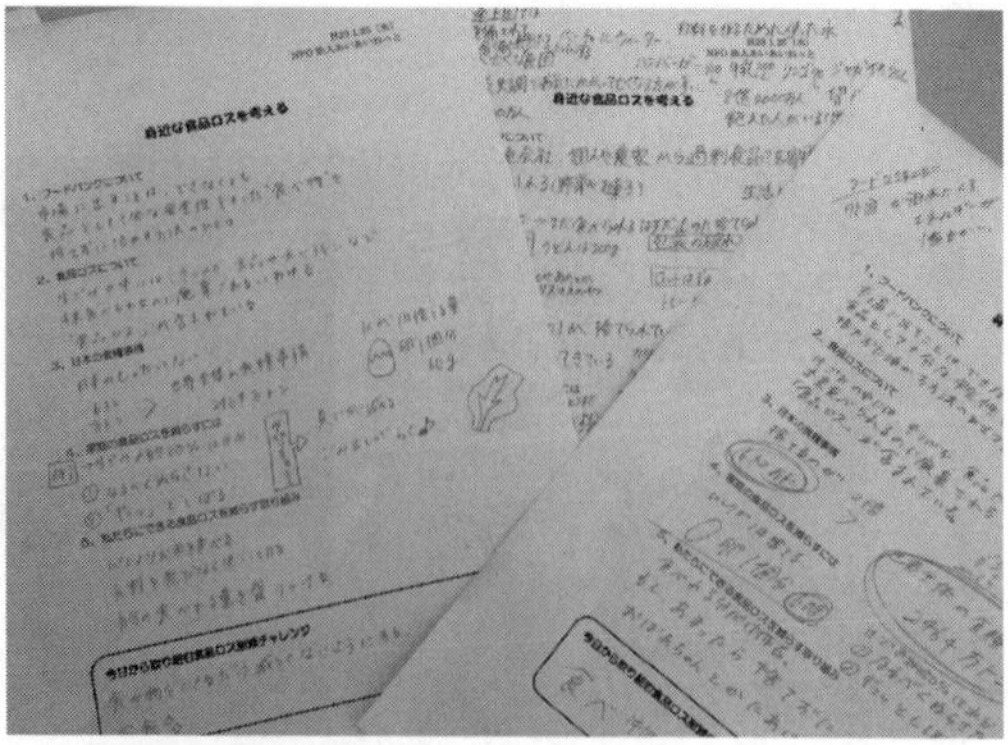

写真 7-2
講演内容をメモしたり、食品ロス削減の目標を記入した中学生の目標シート例

二、講師・講演活動

「フードバンク活動・食品ロス削減・地域づくり」をキーワードに、中学校、公民館、老人大学、社会福祉協議会、フードバンク検討会等において講師・講演活動を行っています。

◉中学校や公民館などでは、世界の食料問題と日本の食料問題を絡めながら食品ロスについて話しています。たとえば、世界の人口は増加していく一方で、食料生産率は低下しており、飢餓問題が深刻化していること。また、日本では食料自給率が四〇％を切るほど低く（カロリーベース）、約六〇％の食品を海外からの輸入に頼り、輸送の際に環境に負荷を与えていること。その状況下で、世界の食料援助量の約二倍もの食品ロスを出しており、その約半分は家庭から出ていること。これは、一人ひとりが気を付けることで減らせる量であることを説明しています。生活のどんな時に食品ロスが出るのか、その問題点を見ながら、今日からできる食品ロス削減のための工夫を考えてもらい、目標シート（写真7－2を参照）に記入してもらいます。目標シートには、「食べられる量だけ作ったりついだりする」「買い物するとき、今日使うものは期限が近いものを買う。買いすぎない」「冷蔵庫の中身を点検する日を月に一回は作る」など、自分で決めた目標を記入します。帰宅後、早速実践できるよう、冷蔵庫に貼るよう促しています。

講演では、「フードバンクに提供された食品の理由をあてるクイズ」や日本で作られた食材が使ってある割合をあてる「料理の食料自給率クイズ」[*3]、「この食品は賞味期限と消費期限どっちでしょうかクイズ」[*4]、「もったいない自己診断テスト」[*5]、「あいあいねっと」が独自に行っている食品ロスの意識調査（アンケート調査）から得られた「どんな食品や料理が多く捨てられているかランキング」などを紹介しながら、一緒に考えて取り組める内容にしています。フードバンク活動や食品ロスの現状はもちろん、日本の食料自給率を知らない人も多い中、「あいあいねっと」へ提供される食品の紹介やクイズはインパクトが強く、興味を引き付けるための効果的なツールとなっています。フードバンク活動を交えながら食品ロスの現状を伝えることで、より効果的に一人ひとりの消費行動の重要性を訴えることができると実感しています。

以下、このような感想が聞かれました。

・自分も捨てている食品がたくさんあって、とても心が痛んだ。食べ物は食べるためにあるという言葉を聞いて、その通りだ、そこが少し欠けていると感じた。

・買いすぎたり、作り過ぎたり、食べ残さないようにしたい。
・家の冷蔵庫や棚で期限が切れて捨てるものも多いので、保存・管理を徹底し、買い過ぎないようにしようと思う。
・少しの廃棄が大きな食品ロスにつながるので、身近なところから気を付けていこうと改めて感じた。
・こんな近くに環境を守るために活動している団体があることを知らなかったので、もっと広島のことに興味をもって調べてみようと思った。
・私のように知らない人がまずは知っていくことが重要だと思う。家族や友達に声をかけて、自分から積極的に行動しようと思う。一日三食食べられることに感謝しながら食事をしていきたい。

写真7-3
残り物のカレーと餃子の皮、野菜を使ったリメイク料理（カレー・トルテッリ）

毎回たくさんの感想が聞かれ、うれしく思います。

ここ最近では、フードバンク活動の紹介と家庭の食品ロス削減を目的とした、より実践的な講演内容になっています。例えば、冷蔵庫の整理や食材の保存方法、期限表示の正しい理解や買い物の仕方、エコクッキング[*6]など広がりを見せています。エコクッキングでは、「あいあいねっと」に提供された食品を使って料理を作ったり、野菜を使いきる料理の工夫や残り物の料理を使ったアレンジレ

写真7-4　豆腐のお好み焼き

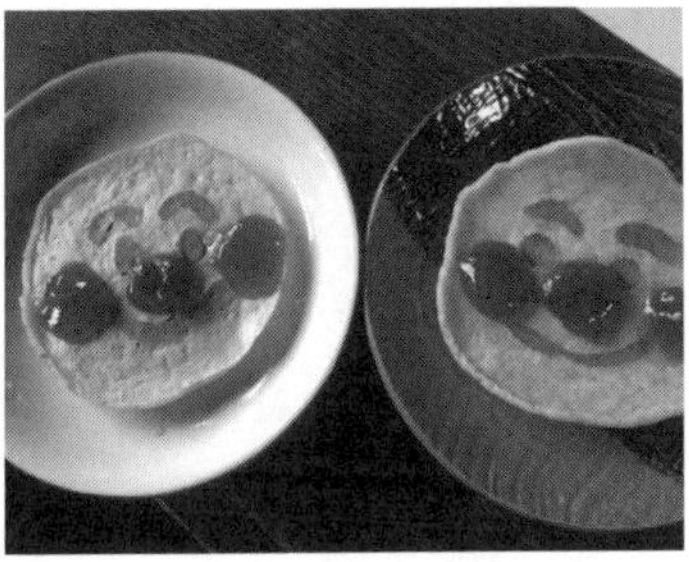

写真7-5　キャロットパンケーキ

シピ（前日の肉じゃがを使ったカレーライス、おでんの残りを使った炊き込みご飯）などを紹介しています。若い方にも参加して欲しい思いから、おいしそう、作ってみたいと思えるようなレシピや、子どもと楽しく作って食べられるレシピ作り[*7]を心掛けています。これらのレシピは、「もったいない料理教室」で実際に作って食べたりもしています。

◉老人大学や社会福祉協議会、フードバンク検討会などでは、「あいあいねっと」が活動を始めた動機や活動内容と社会福祉の問題について話し、フードバンク活動に対する人々の理解を訴えています。広島という地方・地域が抱える課題に対して、「あいあいねっと」の活動がそれらとどうかかわることで解決に繋がるのか、社会を構成する一人として何ができるのかを考え、解決に向けて一緒に活動できるようなきっかけづくりになれるよう話しています。これからフードバンク活動を始めたい、フードバンクを活用したいと考えている団体には、フードバンク活動とあわせて食品ロス削減へ向けた取り組みを行う意義も訴えています。このような講演会をきっかけに、フードバンクを利用したい、協力したいという申し出も多く、大変うれしく思っています。

＊3　料理の写真を見せ、使われている食材のどれが国産かを当てるクイズ。
＊4　食品の写真を見せ、表示されているのは賞味期限か消費期限かを当てるクイズ。
＊5　Q1：いつも冷蔵庫の中身を確認してから買い物にいっているか、Q2：作った料理が余ることが多いかなどの質問が一三問、自己診断するテスト（国民生活産業・消費者団体連合会が作成）。
＊6　環境に配慮して調理全般を行うこと。無駄なエネルギーやごみを出さないように配慮して調理すること。
＊7　写真7－4、7－5は食品ロスになりやすい豆腐や野菜を使ったレシピ。

三、フードバンク人形劇

二〇一二年、公益財団法人マツダ財団の助成金を受けて、小さな子どもを持つ親や園児を対象に、フードバンクを題材にした人形劇『フードバンク動物山』を作成しました。

物語は、農家のあらいぐまさんが、形が悪い、育ちすぎ、傷付いたものなど売り物にならない野菜を捨てようとしているところに、主人公のうさぎちゃんが通りかかるところから始まります。ウサギちゃんの提案で、高齢のため畑仕事ができず、日照りが続き野菜が育たずに困っている隣山のきつねじいさんのところへ、あらいぐまさんの野菜を届けに行くというストーリーです。

右：写真7-6
幼稚園での人形劇の様子
左：写真7-7　人形劇に登場する
スタッフ手作りの編みぐるみ

幼稚園、保育園を始め、子育て支援団体や高齢者施設、地域のお祭り、環境のイベント等で上演しました。二〇一二年の一年間の上演で約四二二〇人の方々に見ていただきました。温かみのあるスタッフ手作りの編みぐるみ人形は、上演後には、人形の周りに子どもたちが集まり握手会になるほど人気です。その後も、地域のイベントや子育て支援サークル、「まめｎａｎレストラン」のイベントでも上演し、フードバンク活動の紹介をしています。

その他にも、もっと多くの人に食品ロスについて考えてもらうため、絵本、紙芝居、アニメーションＤＶＤ、ミュージックビデオ、パンフレットも作成し、各イベントで配布、上映しています（アニメーションやミュージックビデオは、「あいあいねっと」のウェブサイト[*8]で視聴することができます）。このような啓発ツールは、対象となる年齢に合わせ、紙芝居は幼児や小学生、ＤＶＤは中学生以上などと内容も変えて作っています。

二〇一三年一二月一四日（土）には、「あいあいねっと」主催でドキュメンタリー映画「もったいない」とアニメーション「もったいないをなくなくそう」の同時上映会を行い、私たちが広島市安佐北区でできることは何かを考えるイベントを開催しました。二〇一二年より毎回、「食と農の映画祭inひろしま[*9]」のトークライブで、日本の食事情とフードバンクについて話しています。

＊8　http://http://www.aiainet.org/
＊9　「食と農の映画祭inひろしま実行委員会」が主催する食と農に関する映画を一週間上映するイベント。

四、大学祭でのフードドライブと食品ロスに関する調査

広島文教女子大学の公衆栄養学の授業で、「フードバンク活動と管理栄養士の働き方」をテーマに、「あいあいねっと」の活動紹介をしたことがきっかけで、人間栄養学科の学生と一緒に大学祭でフードドライブ[*10]を行っています。事前に学生が「あいあいねっと」へ見学に来て活動を学び、大学祭ではブースを作り、フードドライブの告知もします。当日は、フードドライブと同時に、フードバンクや食品ロス問題の啓発活動に加え、食品ロスに関する実態調査（アンケート調査）も行っています。

写真7-8
フードドライブの様子

調査内容は、①食品ロスについて、②食品の期限について、③買い物や外食について、④自宅で出る食品ロスについてです。やや多めの調査内容ですが、学生が一人ひとり丁寧に聞き取りを行います。集計結果から、廃棄されやすい食材や料理などをまとめ、「もったいない料理教室」のメニューに反映させたり、捨てられる理由とその解決方法を紹介するなど、より効果的な食育活動に繋げています。この取り組みは二〇一四年から始め、三回目となる二〇一六年は、広島市環境局の協力もあり、他の環境イベントでもフードドライブを同時開催し、合計で約一八〇キロの食品が集まりました。

来場者からは、「家庭にあるもったいないを届ける窓口がもっとあれば気軽に提供できる」「案外余っているものが家にあることに気付いた」など好評です。学生からは、「フードドライブで食品が有効活用され、困っている方の援助ができてうれしい。栄養だけでなく、いろいろな角度から食品のことについて考えたい」と感想がありました。

写真7-9　アンケート調査より得られたランキングを紹介するスライド

フードドライブは、家庭にある食品ロスを有効活用するだけでなく、生活に困窮する人びとの役に立つことを体験をすることで「食品ロスをなくしていこう」という気持ちが強く心に広がる活動であると感じます。最近では、インターナショナルスクール[*11]で開催されたハロウィンパーティーで、家庭で食べきれない食品を参加費として持ってくるという企画や職場でフードドライブが開催されることも多くなっています。フードドライブは今後、ますます大きな広がりを見せるのではと期待しています。

＊10　家庭の食品ロスを回収しフードバンクに提供する活動。
＊11　主に英語により授業が行われ、外国人児童生徒を対象とする教育施設（文部科学省の中央教育審議会）。広島市安佐北区にある。

五、食品ロスを活用した「もったいない料理教室」

乳幼児・小学生などの親子を対象に公民館で「もったいない料理教室[*12]」を開催しています。フードバンク活動や食品ロスの話の後に、実際に提供された食品を使って調理します。幼児・小

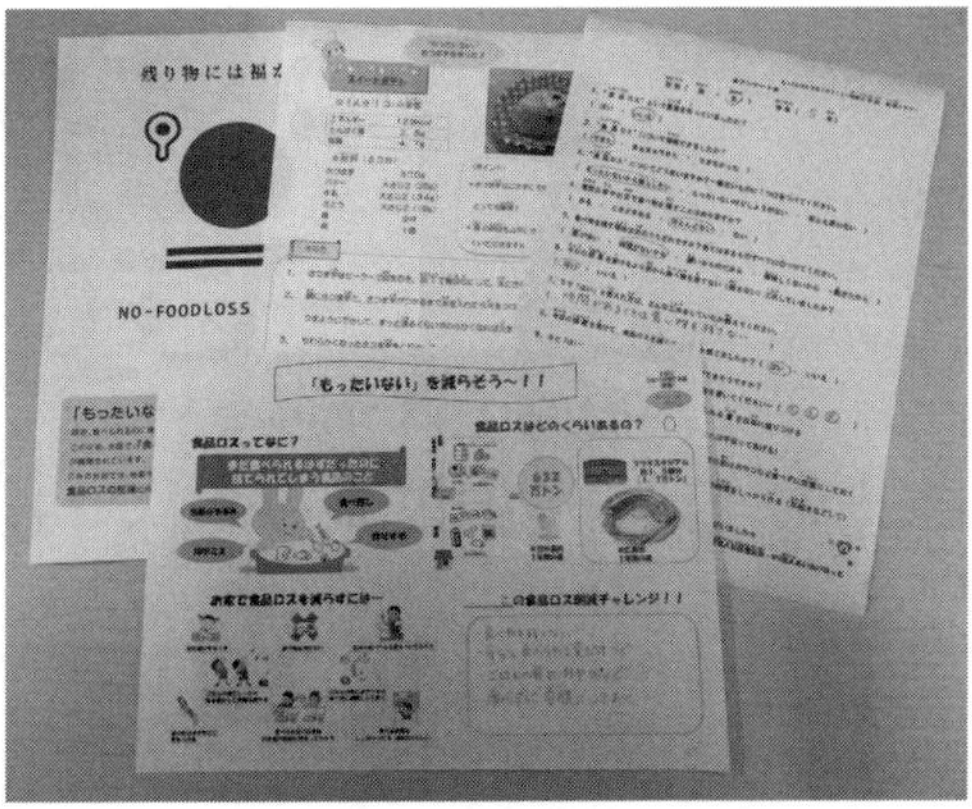

写真 7-10　小学校の料理教室で使用したシート

学生の親子を対象に開催することが多く、時には環境面だけでなく、食事バランスガイド[*13]を使った栄養に関することや子どもが食べやすくなる工夫やかわいい盛り付け方など調理面についても話を交えながらクッキングを楽しみます。

参加者からは、「賞味期限がずいぶんあるのに、なんで捨てられるのか」「見た目や期限に惑わされずに、食べ物を大切に食べきるように工夫していきます」「今まで捨てていた皮や種に栄養があるのは知らなかった。余った料理を別の料理に作り変えるリメイク料理にも挑戦していきたい」「フードバンクに寄せられたものを使っての料理だったので、参加費が少ないことにとてもびっくりした。それだけいろいろなものがいろいろな理由で捨てられてしまうのだと感じた」など、毎回大きな反響があります。料理教室をきっかけに、「まめｎａｎレストラン」やフードバンク活動のボランティアに参加するようになった方もいます。

また、近隣小学校で開催される夏休み子ども料理教室やクラブ活動でも「もったいない料理教室」を実施しています。天ぷら用に大きさをそろえてカットされたさつま芋の切れ端を使ったス

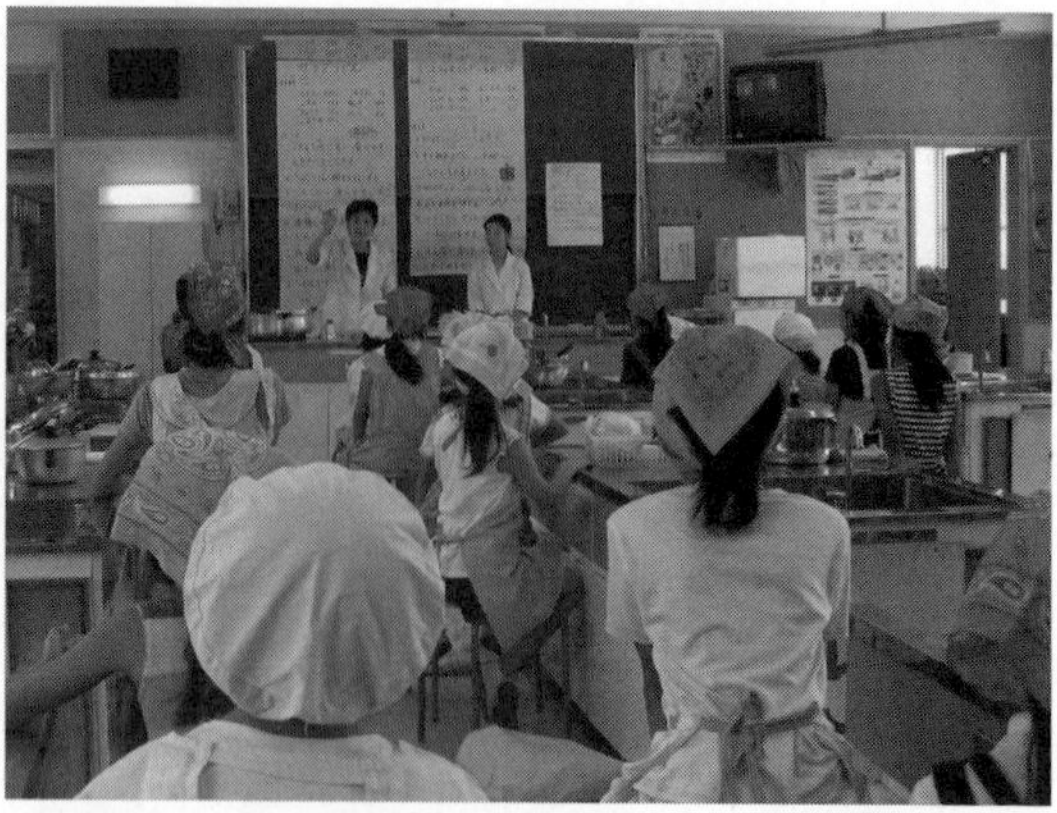

写真7-11　使用食材(飾り切り野菜)について説明している風景

イートポテト、季節商品の売れ残りのお餅を使ったさつま芋大福、重量過不足のうどん[*14]と飾り切り野菜[*15]を使ったサラダうどんなど、フードバンクに届いた食品を使った料理を作ります。子どもたちからは、「食品ロスを知らなかったが、たくさんのもったいない食べ物が出ていることを知った」「嫌いなものも残さない、食べられる量だけお皿に盛るようにする」など、食品ロス削減に向けた意見が聞かれます。こうした〝今日からできる目標〟を用紙に記入して持ち帰り、もう一度家族で食品ロス削減について話し合ったり、料理を楽しみ、目標を実践することを参加した子どもたちに促しています。

　食品ロスを出さない工夫は、食べ物を大切に食べるだけでなく、食べ過ぎ防止や食事リズムを作ることにもつながります。「食事の前におやつを食べない」「食べられる分だけ作る、盛り付ける」「しっかり運動してお腹をすかせておく」「食事の時間をしっかりとる」など、子どものころから心がけ、習慣にすることで、心も身体も健全に育ち、生活習慣病を防ぐことにもなると伝えています。こうした子ども料理教室の食育効果を安佐医学会[*16]で報告したところ、コメディカル

写真 7-12　調理前の食品ロスについて説明している風景

部門[*17]で学会賞をいただきました。地域からも高い評価を得ることができ、これからも続けていきたい活動のひとつです。

＊12　「もったいない」という言葉は精神論的要素があり、食品ロス削減とはなじまないのですが、「もったいない」というとほとんどの人が理解するため「もったいない料理教室」とした。

＊13　一日に「何を」「どれだけ」食べたらよいかを、食事の望ましい組み合わせとおおよその量をイラストでわかりやすく示したもの。二〇〇五年に農林水産省と厚生労働省が作成。

＊14　食品表示に記載されている内容量と実際の重量が違う商品。多くても少なくても生産ラインの機械ではねられ、商品とならないもの。

＊15　ホテル用やスーパーのお惣菜用に、もみじ型や丸く抜かれた野菜の残りや、大きさをそろえてカットされた野菜の切れ端。ホテルやデパートなどに納品されるものもあり、おいしい野菜が多い。

＊16　一般社団法人　安佐医師会が主催する学会。

＊17　医師の指示の下に業務を行う医療従事者（コメディカルスタッフ）が論文発表を行う部門。

六、最後に

これまで紹介してきた食育活動の一つ一つは本当に小さな活動です。

今まで、食品ロス意識調査の結果や「もったいない料理教室」のことを日本栄養改善学会などで報告してきました。フードバンク活動に加えて、食品ロス削減に向けた食育活動の取り組みが認められ、二〇一六年一二月一六日に「広島市ごみ減量優良事業者表彰[*18]」を広島市から受賞しました。フードバンク活動や食品ロス削減へ向けた取り組みなど、スタッフそれぞれが担当する「あいあいねっと」の事業が一つの取り組みとして一定の評価を受けることができ、とてもうれしく思います。

また、この取り組みに参加した人々が、食べ物を捨てる状況になったとき、みんなのちょっとの廃棄がたくさんの食品ロスに繋がっていること、食べ物は私たちの命を繋ぐため、食べるためにあるという、食べ物を大切にする気持ちがよみがえり、食品ロスの発生抑制へつながることを願っています。

＊18　広島市が主催。事業系一般廃棄物の減量・リサイクルに積極的な取組をしている事業者に対して、日頃の労に報いるとともに、その功績をたたえ、ごみ減量・リサイクルの一層の推進に資することを目的した表彰。

第八章　日本のフードバンク活動の課題と今後のフードバンク活動の役割

一．はじめに

農林水産省によると、現在、わが国のフードバンク活動主体者は七〇くらいあります。一番の老舗は、繰り返しになりますが、二〇〇〇年に活動を始めた東京都台東区にある「セカンドハーベスト・ジャパン」。アメリカ人のチャールズ・E・マクジルトン氏が理事長です。次に、二〇〇三年に兵庫県芦屋市にある「フードバンク関西」がスタートしました。浅葉めぐみ氏が理事長です。二〇〇七年頃から、沖縄、仙台、名古屋、山梨、富山、石川そして「あいあいねっと」とフードバンクの活動が一気に広がります。フードバンクに関して書かれている本も数冊ありますし、農林水産省のウェブサイトでも紹介されていますので、個々のフードバンク活動に関しては、そちらのほうをご参照ください。

今のわが国のフードバンク運営主体者は、いくつかの難題を抱えています。

多くの他の市民活動同様、財政基盤が脆弱である、スタッフが不足している、他にも、食料を保管する適切な倉庫がない、食料を無償提供してくれる企業がないなど。しかし、一番の問題は、財政のことだと思います。基本的に、お金があれば、若いスタッフを雇用することができるし、倉庫を購入したり賃借することもできます。

わが国は資本主義経済です。NPOだろうとボランティアだろうと、この体制の中で活動を展開しなければなりませんので、わずかな寄付や会費、助成金頼りだけの活動では、苦労が絶えることがないのは必然です。寄付を集めたり、助成金を獲得するには、いつも何か成果が必要で、常に、地域社会の目に留まるようパフォーマンスも要求されます。そういう意味では、企業活動と全く同じです。「良いことを行なっているのだから、皆様が支援してくださるのは当たり前」と思い込みがちですが、大いなる誤解といわざるを得ません。私も痛感しているところです。

残念ながら、わが国では、市民活動を評価し支援しようとする意識が低いのが現状です。それでも最近は、クラウドファンディングのような仕組みができて、わずかずつでも意識が高くなってきていることに、希望の光を見出すことができます。

市民活動に関する国民的意識レベルが向上するよう、市民活動を行なっている当事者はもちろんのこと、行政や教育機関でもしっかりと取り組んでいく必要があると考えます。もう一つ、日本には「公助、共助、自助」という言葉があります。それぞれが互いに機能し、協働する、できるところは力を合せて課題を解決していくということです。互いにWin-Winの関係を作る。それには、真に自立した市民[*1]であることも求められていると思います。

　ところで、今、私が一番気がかりなのは、食品ロスを生活困窮者に分配し、食品ロスの削減に結びつけるという筋書きの活動です。第五章で述べたように、食品ロスと貧困と格差拡大は、同じ社会の構造から生み出されているのです。食品ロスを生活困窮者救済に当て食品ロスを少なくするという活動スタイルは、一見道理にかなっているように思えますが、実は、食品ロスがなければ活動が成り立たないということになり食品ロス削減にはなりません。むしろ食品ロスが削減されると活動に支障がおきてくるという矛盾を抱えています。最も、あまりにも食品ロスが多いので、当面は、この方法で困ることはないと思いますが、話の筋が通らなくなり、いずれ活動が行き詰るのではと思います。そのために、フードバンクの活動のストーリーを理論的に構築し実践する必要があります。生活困窮者救済に食品ロスを使い、活動を大きくしていくことはきわめて危険なことだと考えます。

　「市場の失敗」「政府の失敗」がなければ、フードバンク活動は必要ありません。フードバンク活動が存在し活動が大きくなってきていること自体、今の社会の仕組みに問題があることを表しています。その証拠に、アメリカが何故フードバンク発祥の地になったか。アメリカは、社会保障が劣悪で、自己責任を強く求め社会的弱者に極めて厳しい国だからです。国が行なうべき生活困窮者

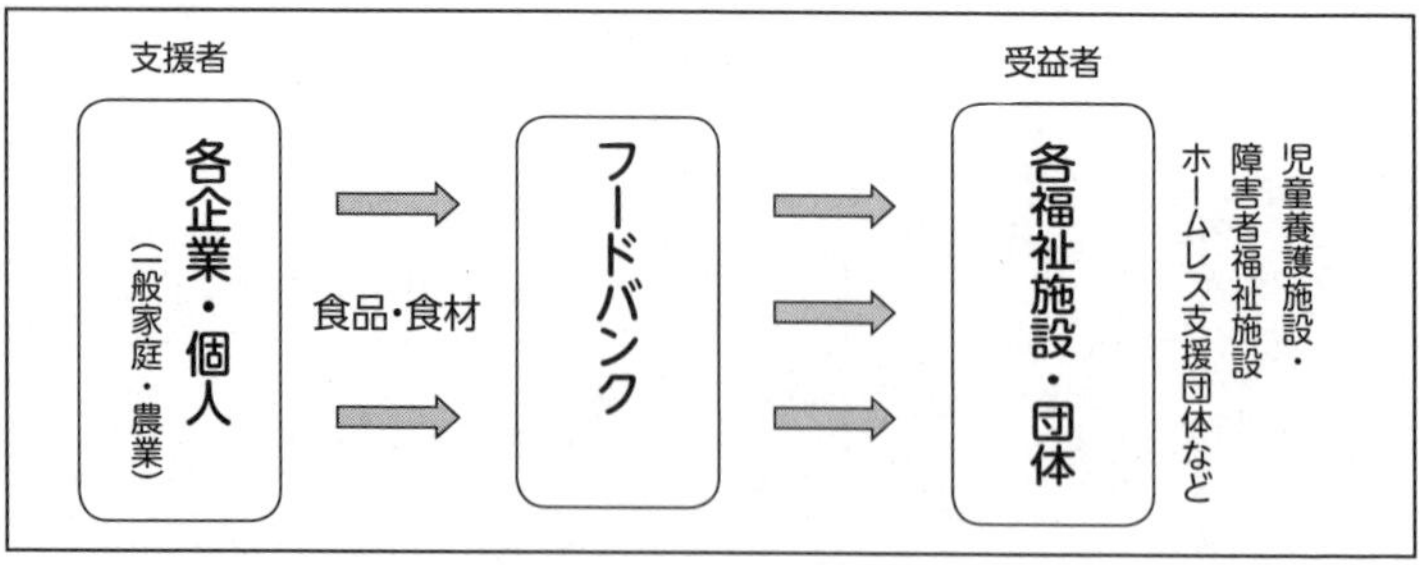

出所：農林水産省

図 8-1　フードバンク関係図

に対する支援を市民活動が担っているという構図になっています。一方、日本と違い市民活動が活発で市民の理解や参加も大変進んでいるからです。すなわち、食品ロス発生の仕組みや貧困者の増加、格差拡大の原因をしっかり把握せずに、フードバンク活動を行なうのは、いずれどう活動していいのか分からなくなってしまうかもしれません。

＊1　近代社会を構成する自立した個人のこと。市民一人ひとりが社会の統治において積極的な役割を果たす義務と権利を有する。ジョサイア・オベル／ブルック・マンビル 著　森 百合子 訳『「市民の組織」を実現させるモデル　古代アテネに学ぶ組織民主主義』ハーバード・ビジネス・レビュー　二〇〇三年三月号　p.48（ダイヤモンド社／二〇〇三）。

二、食品ロス削減をみんなの取り組みに

図8－1は、農林水産省フードバンクウェブサイトに掲載されているフードバンク関係図です。食料を提供する各企業・個人が支援者であり、フードバンク活動主体を通して受益者である各福祉施設・団体に食料が

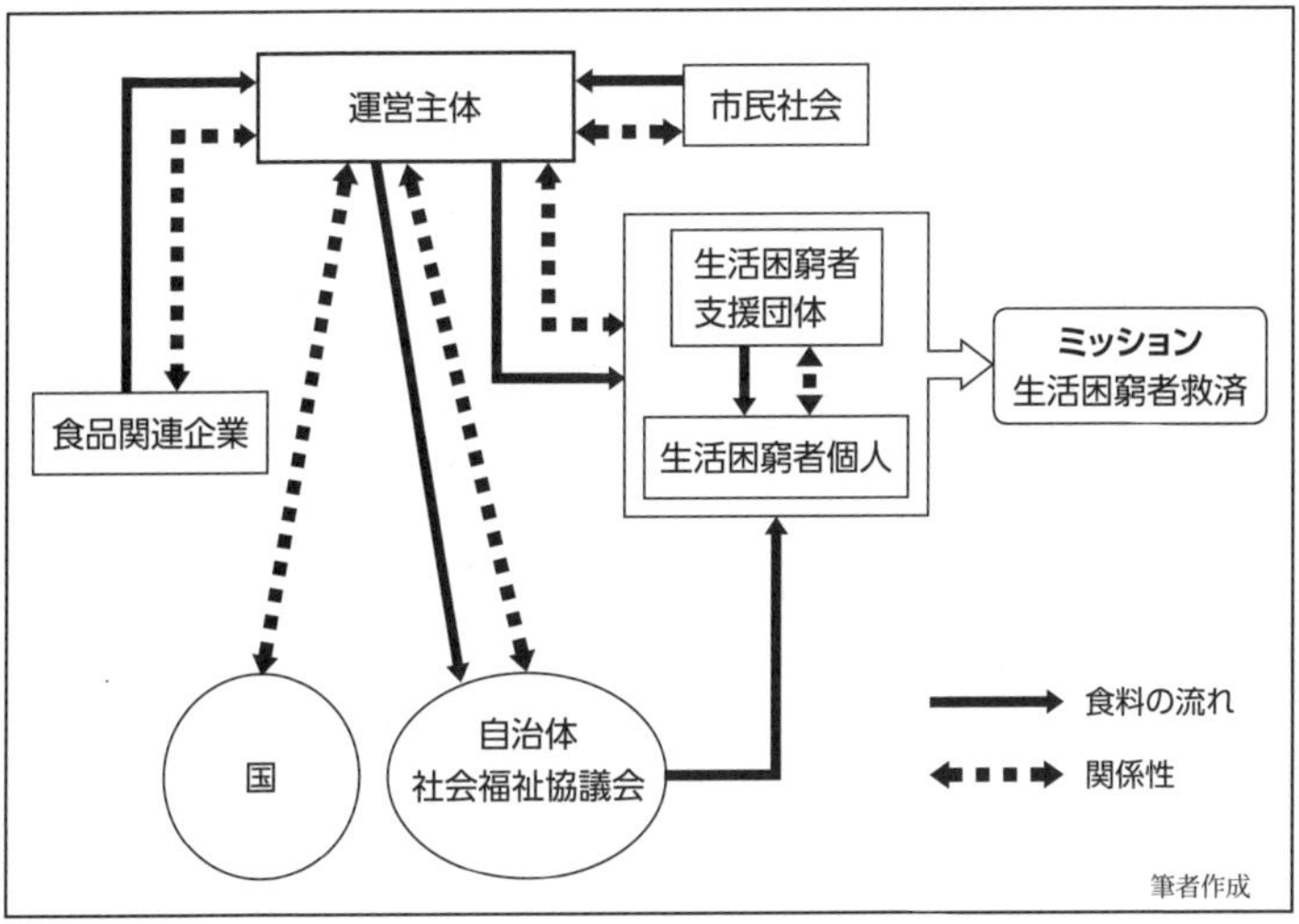

図 8-2　ミッションを生活困窮者救済としたときの関係図

流れていきます。

最近のフードバンク活動の実情とそれにより生じる関係性を合せて、関係図を詳しく書き換えてみると、図8－2のようになります。ミッションは、生活困窮者支援としました。

食料は、必ずフードバンク運営主体を介して生活困窮者支援団体及び個人に流れますので、食品関連企業・個人と生活困窮者支援団体及び個人との間に関係性は生まれません。

次に、私が推奨する今後の日本のフードバンク活動に関して説明します。

図8－3のようにミッションを「食品ロス削減」とすると、食料の流れは変わりませんが、受益者がいないと食品関連企業は食品ロスを削減できませんので、生活困窮者が支援者となり、食品関連企業が受益者となる双方向の流れができ、図8－3の二重線に示して

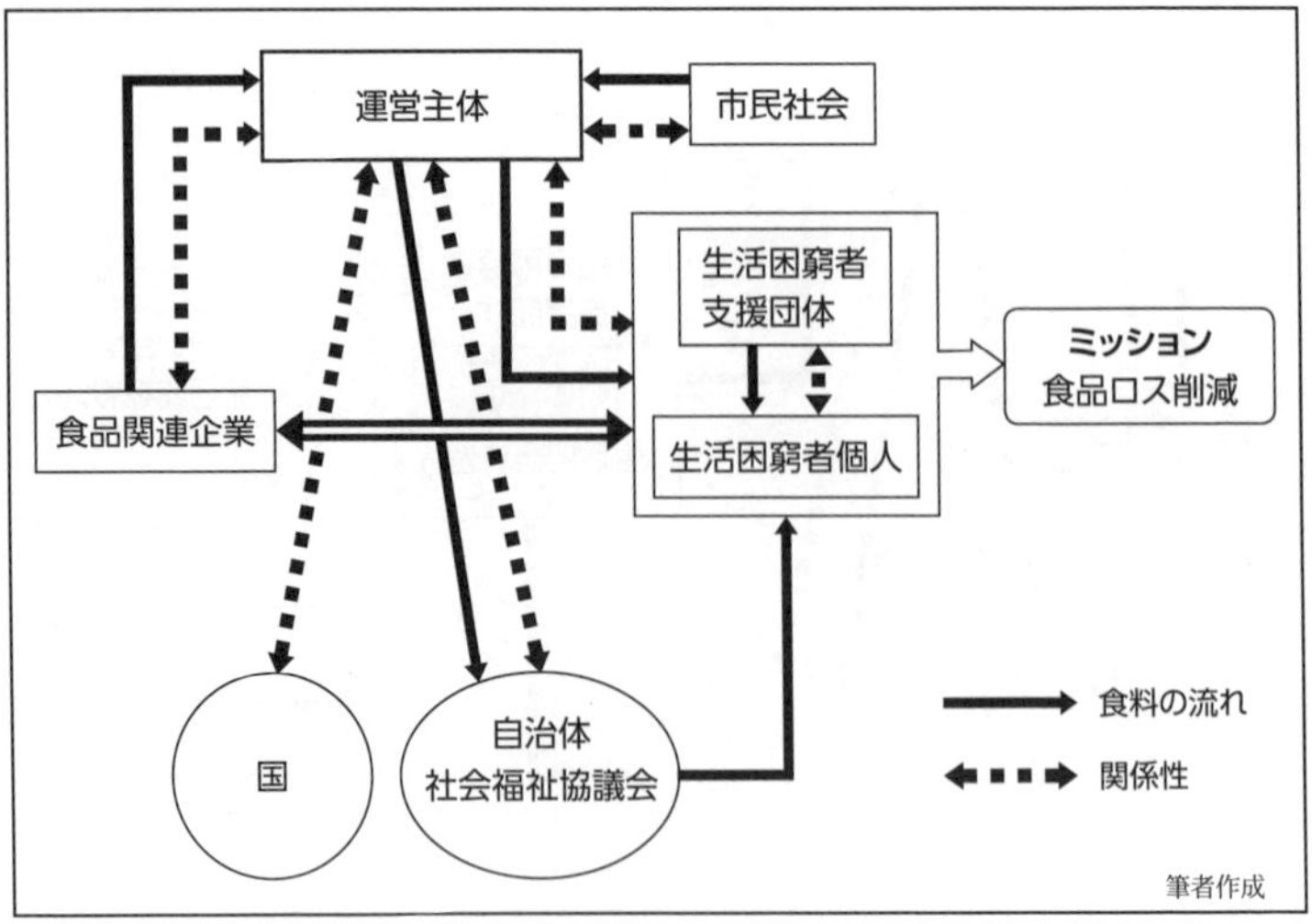

図 8-3　ミッションを食品ロス削減としたときの関係図

いるような関係性が生まれます。それにより、すべての部署が繋がり、活動がより濃厚になります。支援者、受益者という括りがなくなり、皆が支援者であり受益者であり「みんなで食品ロス削減に向けて協力しょう」という、まさに国民大運動といった形になります。

「あいあいねっと」では、提供する食料が生活困窮者支援団体にとって負担になっていないか、欲しくない物が届いていないか、聞き取り調査をしたことがあります。希望を言われた団体もありますが、「頂いているのだから不満はありませんよ。感謝しています」とほとんどの団体がこのように答えました。互いに信頼関係が出来上がっている団体は、そのとおりに受け取るのですが、まだまだ付き合いの浅い団体は、「自分たちは、無償で食料をもらっているのだからと、言いたいことも言えず欲しくないものも受け取っているかもしれない」感が拭えません。図８－１の関係性は、社会的弱者である生活困窮者に、上から目線の活動と捉えられかねません。

生活困窮者救済を活動の第一義に取り上げるのではなく、フードバンク活動を行なっている主体者だからこそ実体験としてわかる食品ロスの実態を、市民に地域社会に知らせ、食品ロス削減の情報発信基地になる、そして、食品ロスがなくなるような社会の仕組みを構築することは、同時に貧困や格差拡大もなくなっていく社会を構築することに繋がる。フードバンク活動主体者はその要となり、広く国民全体の関係性を密にして行く。このような活動こそ、今一番求められているフードバンク活動の役割であると考えます。今のわが国は、少子高齢化に加え、かつての共同体としての繋がりが極めて希薄になっています。こちらも大変重大な課題として重く日本全体にのしかかっています。フードバンクの活動により、地域の絆を強くし、互いに助け合う共助の心を取り戻す効果も期待できます。

また、生活困窮者支援を活動の第一義にすると、先ほど述べたように食品ロスありきの活動となり、課題の再生産に繋がる危険性が生じます。フードバンク活動が、「市場の失敗」や「政府の失敗」を補完する役回りでは、課題はいつまでたっても解決しないのではないでしょうか。

エピローグ

「本当の豊かさとは何か？」フードバンクの活動を始め、いつも頭にあるのはこの問いかけです。

日本は、敗戦後何もない中から、復興に励み、高度経済成長を遂げました。私は、一九五二年生まれ。高度経済成長真っ只中で青春時代を過ごし、バブル景気を経験しました。金融機関の利子も高く、海外旅行に行ってもどこも日本人だらけ、日本企業がアメリカの○○を買収した……このような話題が日常茶飯事のごとくメディアに流れていました。かなり下火にはなったようですが、ちょっと前の中国の「爆買」そっくりです。豊かな生活を手に入れようと衣料品から家財道具、電気製品、自動車、マイホーム……あらゆる物を多くの日本人がローンを組んでまでも購入しました。

一九九〇年代に入り、バブルは崩壊。世の中は一転。一方で、核家族化は進み、子どもの数は少なくなりました。高齢化も進み、一人暮らしの高齢者の世帯数は増加の一途です。

「あいあいねっと」のホールには、老夫婦もしくは独居の高齢者からいただいた大きな座卓がいくつかあります。一人暮らしの高齢の女性からの依頼を受け、私も一緒にスタッフと共に座卓を引き取りに行った時、その方が言われました。「ホッとした。重くて大きくて、掃除するにもじゃまになって」若くて家族も多く元気のよい頃に購入されたのでしょう。高齢者施設に入居する際も持っていけるものは限られており、捨てるのもお金がかかる時代ですから、現在の多くの高齢者の悩みだと思います。

今、世間では断舎利が流行っていると聞きます。断舎利は、三〇〇万部のベストセラーとなった「やましたひでこ氏」の著書のタイトルであり商標登録となっています。ウィキペディアによると「不要な物を減らし、生活に調和をもたらそうとする思想」のことだそうです。

私たちが生きていくために本当に必要なものは何か？　山登りを趣味とする「あいあいねっと」のスタッフがこんなことを言いました。「山に登るのに、不要なものは持って行かない。最低限必要なものしか持っていかない」。私は、フードバンクの活動を通して、このような心がけがとても大事だと思うようになりました。

日本には、縄文半ばの時代に稲がやってきて弥生時代[*1]には農耕が盛んになりました。温暖多湿な日本での稲作は、草取りや害虫駆除、干ばつや水害対策等々大変な苦労を伴う作業です。狭い国土ながら、おそらく朝から晩まで懸命に汗水たらし働いて、農地を耕し稲を植え、育て子孫繁栄を築いてきたのでしょう。ですから、格別にお米に対しては、収穫をもたらしてくれた万物に対する感謝の気持ちが生まれたのだと思います。ごはんというと主食を意味するだけでなく、食事全体のことも示すことからも、そのことが推察できます。私たちの祖先は、米を中心として自分の土地や周辺の海や川で収穫できる食べ物を大切に育み、異った食文化も巧みに取り込みわが国独特の食文化として後世に伝えてきました。二〇一三年にユネスコの無形文化遺産に登録された理由の一つでもあります。

食品ロスを「もったいない食品」と呼ぶと、食品ロスの原因や課題が見えてこないといいました。食品ロスは、資本主義経済の仕組みの中から必然に生じるため、精神論で語ると何も見えてこないからです。

今、私は「もったいない」は、ただ単に食物を無駄にしないという意味ではなく、過去から営々として築き上げてきた祖先の人知とそれを超えた自然の力や恩恵に対する畏敬と感謝の念を表していると考えています。

「NPO法人京都土の塾」[*2]のウェブサイトに記載されている「生命の食」という、このNPO法人の呼びかけ文章があります。

「食べるということは本来、壮絶な命のやりとり。
ひとつの命は別の命に取り込まれ、活かされ、糧となり、生命の歴史を綴っていく。
それが自然の掟。
無駄な殺生などない真摯な闘い、命をかけた支えあい。
それが自然の愛……だから食べ物は有り難い。
今ある命は私だけのものでない。
必死に生きた貴い命の集積。」

これから、私たちがしなければならないことは、食品ロスを削減すると共に、「もったいない」という言葉の持つ本来の意味と重みをしっかり把握し、次の世代に伝えることだと確信しています。

未来につけを残さないために。

＊1　諸説ありますが、縄文の頃に伝わったとするのが主流の説になっています。
＊2　http://kyoto-tuti.org/page4.html（アクセス日　二〇一七年六月六日）。

おわりに

イギリスの産業革命以降、日本では第二次世界大戦の復旧復興以降、資本主義経済による経済発展と共に、地域社会や家族といった共同体としての人々の絆は徐々に失われていきました。資本主義経済は、それまで地域や家族などの共同体で行なわれていたことを市場化していき家事や介護にまで入り込んでいきました。戦後、まもなくして生まれ高度成長期に多感な青春時代を送った私は、個人のプライバシーまで首を突っ込んでくる共同体の規制や慣習を実に不愉快に感じていました。都会に憧れ、田舎の束縛から逃れるように多くの若者が都会に出て行きました。当時、共同体が壊れ機能を失っていくことが、何を意味するのか、多くの日本人は気づいていなかったと思います。私もその一人です。

しかし、人口が減少していく中での少子高齢化は、再び共同体の機能の再構築を求めています。加えて、大きな災害が日本各地で起こるようになり、その要求はますます大きくなっています。こういう時代になって、初めて皆で助け合い、皆と共に生きることの真の意味を知るようになったのだと思います。

「あいあいねっと」は、「孫の手サービス」という事業を行なったことがあります。公的な介護サービスでは対応ができない高齢者の困りごとを支援するという事業です。庭の草むしり、病院への薬の受け取り、買い物の付き添いなど様々です。体の不自由なある女性から依頼がありました。とても印象深いので今でも忘れることはありません。「何もしてくれなくていい。ただ、側にいて欲しい」それが彼女の依頼内容でした。何やら恋しい人を想う歌の文句の様です。お金持ちでしたが、一人暮らしの寂しさを紛らすものは市場では手に入れることができなかったのでしょう。

第八章で、これからの日本のフードバンク活動の役割を述べました。短くまとめると「今の日本のフードバンク活動の役割は、失われた共同体を取り戻すツールとして機能することにある」と言うことです。食べ物があれば、人は寄ってきます。食べ物があれば人は元気になります。食べ物は、人を穏やかにします。食べ物は閉じた人の心の扉を開きます。食べ物は人と人の出会いを演出し絆を深めます。

「あいあいねっと」が活動を開始して一〇年目に入ります。ここまでの道のりは、決して平坦ではありませんでした。いつも足りない資金、スタッフの交代、様々なトラブル等々、悩ましい問題が次々とやってきました。二〇一四年八月二〇日広島豪雨土砂災害では、安佐北区、安佐南区を中心に甚大な被害が出ました。「あいあいねっと」のスタッフも住居の半壊や、床上浸水などに見舞われ大事でした。

私事で恐縮ですが、私自身もこの一〇年間ケガや病気との闘いでした。重たい提供食品を運び胸椎を二本骨折しました。突発性難聴に見舞われ一生治癒しないかもしれないと心身疲労困憊状態になったこともありました。また、因果関係はわかりませんが、二年前には乳がんにかかりました。

しかし「禍福はあざなえる縄の如し」ということわざがあります。ピンチの次は必ずチャンスがやってきます。

「あいあいねっと」もどうにか困難や課題から抜け出すことができ今日まで活動を行なってきました。スタッフ皆の頑張りと心強い地域内外の支援者の力添えの賜物です。

「一人では不可能なことも多くの力が集まれば可能になる」この活動を通して、最もよく学んだことはこのことです。

地道な活動が評価され、行政や財団から多額の助成金や個人から多くの寄付を受け、車や食品保管庫など備品の購入、食品ロス削減シンポジウムなどのイベント、食品ロスを使った料理教室など食品ロス削減啓発活動を行なうこともできました。

テレビ、新聞などのメディアにも度々取材を受け、地域内外に「あいあいねっと」の活動が知れるようになりました。

何もないところから、「フードバンクとは」を知ってもらう活動からはじめ、今、やっと蕾がつきました。今から、蕾の花を咲かせなくてはなりません。

食べ物には何の責任もないのに、社会の仕組みの中でごみにされてしまう。フードバンクシステムを通して食べ物が食べ物として生き返り、地域の共同体としての機能を復活させることにこそ、今からのフードバンク活動に求められていることだと確信しています。

執筆に当たり、あらためて多くの方々の力に支えられながら、この活動が遂行できていることを再確認することができました。また、出版にあたり高文研の飯塚直氏、デザイナーの細川佳氏にはアドバイスや校正など大変お世話になりました。この場をお借りして心よりお礼申し上げます。そして、今後も引き続きご支縁を賜りますようお願い申し上げます。

二〇一七年九月　原田佳子

糸山智栄《いとやま ちえ》

一九六四年岡山県生まれ。特定非営利活動法人フードバンク岡山理事長。株式会社えくぼ（訪問介護事業等）代表取締役。岡山県学童保育連絡協議会会長、特定非営利活動法人オレンジハート理事長等として、市民活動を展開中。共著書に『しあわせな放課後の時間』『学童保育に作業療法士がやって来た』（高文研）。

石坂 薫《いしざか かおる》

岡山大学大学院自然科学研究科博士後期課程修了。同大学院特任研究員および助教職を経て、現在、（株）廃棄物工学研究所主任研究員、フードバンク岡山理事。共著に『循環型社会手法の基礎知識』（技報堂出版）、『医療廃棄物白書二〇〇七〔第四章担当〕』（株式会社自由工房）などがある。

原田佳子《はらだ よしこ》

一九五二年生まれ。広島市在住。広島大学大学院社会科学研究科マネジメント専攻博士前期課程修了。広島県学校栄養職員、医療法人社団恵正会二宮内科医療事業部栄養部門部門長を経て、二〇一四年より美作大学生活科学部食物学科教授。二〇〇七年特定非営利活動法人あいあいねっと設立、代表理事に就任。共著「元気で　長生きかんたんレシピ」（ＳＫＹコーポレーション）、共著「連携による知の創造」（白桃書房）

増井祥子《ますい しょうこ》

広島女学院大学人間生活学部管理栄養学科卒業。現在、医療法人社団恵正会二宮内科医療事業部栄養部門に管理栄養士として勤務、特定非営利活動法人あいあいねっと理事。

特定非営利活動法人
フードバンク岡山

二〇一三年十二月発足。

ネットワーク型フードバンクとして岡山県内で活動。

特定非営利活動法人
あいあいねっと

二〇〇七年十一月設立総会。

二〇〇八年二月広島県よりＮＰＯ法人格取得。

二〇〇八年四月事務所開き。

二〇〇八年五月九日よりフードバンク活動開始。

二〇〇九年一〇月より「まめｎａｎレストラン」事業開始。地域のイベントに参加、またイベントを企画し積極的に地域づくりを行う一方、食品ロスを活用した料理教室、講師活動など、食品ロス削減に向けた活動などを幅広く行っている。有給職員三名、ボランティアスタッフ二〇名、賛助会員一六一（法人、個人を含む）。

ミッションは、「かぎりある地球資源を大切にし、食を仲立ちとして人と人の縁を結び、だれもが尊厳をもってその人らしい生活を営むことのできる地域づくりを目指す」

誰でもできるフードバンクの作り方

未来にツケを残さない

——フードバンクの新しい挑戦

●二〇一七年一〇月一〇日　第一刷発行

著　者——糸山智栄・石坂薫
原田佳子・増井祥子

発行所——株式会社 高文研
東京都千代田区猿楽町二―一―八
三恵ビル（〒一〇一―〇〇六四）
電話 03-3295-3415
http://www.koubunken.co.jp

印刷・製本―シナノ印刷 株式会社

本文デザイン・装丁＝細川佳

ISBN978-4-87498-635-6 C0036